MASSIMILIANO PAGLIARO

IL CONTROLLO UFFICIALE APPLICATO ALLA RICERCA DELLE AFLATOSSINE NELLA FILIERA ALIMENTARE

Sono salito sulla cattedra per ricordare a me stesso che dobbiamo
sempre guardare le cose da angolazioni diverse.
E il mondo appare diverso da quassù.
Non vi ho convinti? Venite a vedere voi stessi. Coraggio!
È proprio quando credete di sapere qualcosa che dovete guardarla da
un'altra prospettiva.

(Robin Williams)
dal film "L'attimo fuggente" di Peter Weir, 1989.

Alla mia famiglia.

A papà, mamma, Laura ed i miei figli Maila e Daniel,
che mi seguono nelle scelte difficili
e mi sostengono con pazienza e fiducia.

INDICE

1. INTRODUZIONE

Nei paesi industrializzati questo secolo ha visto la soddisfazione, in tutti i settori, delle richieste di quantità ed in special modo in quello agro-alimentare anche il passaggio da una economia di sussistenza a quella di mercato, in virtù del fatto che negli ultimi tempi, in questo settore si assiste all'innovazione industriale che sempre più utilizza le biotecnologie (Deserti e Frisio, 2000).

La globalizzazione, le condizioni di crescente competitività, l'applicazione di nuove tecnologie di trasformazione e conservazione dei prodotti e la grande distribuzione organizzata, sono tutti fattori dominanti di una rivoluzione del settore dove inevitabilmente si fa strada il concetto di sicurezza alimentare.

La definizione di *sicurezza alimentare*, comunemente accettata a livello internazionale, è stata elaborata al World Food Summit nel 1996 e descrive lo stato in cui *"tutte le persone, in ogni momento, hanno accesso fisico, sociale ed economico ad alimenti sufficienti, sicuri e nutrienti che garantiscano le loro necessità e preferenze alimentari per condurre una vita attiva e sana"* (FAO, 1996).

A questa definizione fanno seguito le tre dimensioni fondamentali della sicurezza alimentare (Sassi, 2006):

- la disponibilità di alimenti, intesa come un sufficiente quantitativo di cibo sicuro e nutriente disponibile a ciascun individuo o da esso reperibile;
- l'accesso all'offerta, in termini di disponibilità di adeguate risorse per ottenere alimenti appropriati per una dieta nutriente;
- l'utilizzo degli alimenti, nel senso di loro appropriato uso biologico.

Il concetto così delineato, però, non affronta questioni di un certo rilievo legate, ad esempio, alle importazioni alimentari, all'uso intensivo di prodotti chimici, agli OGM (Sassi, 2007) e alle contaminazioni alimentari, aspetti, invece, ripresi dalla *sovranità alimentare* e valorizzati sotto una prospettiva politica.

Per sovranità alimentare si intende il *diritto dei popoli a definire le proprie politiche e strategie sostenibili di produzione, distribuzione e consumo di alimenti che garantiscano, a loro volta, il diritto all'alimentazione per tutta la popolazione* (Windfuhr e Jonsen, 2005).

Svincolati, però, da qualsivoglia definizione, nell'accezione comune del termine, quando parliamo di sicurezza alimentare associamo inevitabilmente l'idea a qualcosa di *sano, salubre* e *buono* e molto spesso impropriamente, gli diamo un solo significato, quello di *qualità*, concetto a cui attribuiamo un valore fondamentale.

La ricerca della qualità si manifesta in tutto ciò di cui necessitiamo, dai beni materiali ai bisogni primari ed è soprattutto in quest'ultimo caso che diventa quasi un'esigenza poiché, sempre attenti, temiamo spesso per la nostra salute.

Ma, essenzialmente, che cosa è la qualità?

In genere riteniamo qualitativo un prodotto, una persona, un servizio, un processo etc., quando questo soddisfa le nostre aspettative, ma invero nel corso degli anni, molti hanno cercato di definire la qualità.

Tra le definizioni di maggiore interesse, spiccano:

- "La qualità è il grado di eccellenza ad un prezzo accettabile ed il controllo della variabilità ad un costo accettabile" (Broh, 1982);
- "L'essenza dell'approccio alla qualità totale è identificare e soddisfare i requisiti dei clienti, sia interni che esterni" (Oakland, 1989);
- "La qualità è l'insieme delle proprietà e delle caratteristiche del prodotto che gli conferisce l'attitudine a soddisfare i bisogni espressi o impliciti dei clienti" (ISO 8402:1986).

Quest'ultima definizione, con l'entrata in vigore della ISO 9000:2000, viene modificata in:

- "Capacità di un insieme di caratteristiche inerenti ad un prodotto, sistema, o processo di ottemperare a requisiti di clienti e di altre parti interessate".

Questi sono solo alcuni dei presupposti teorici e culturali che hanno contribuito e portato all'attuale accezione del termine di qualità, oggi comunemente ed ufficialmente inteso come: *il grado in cui un insieme di caratteristiche intrinseche soddisfano i requisiti*

(ISO 9000:2005).

Questa soddisfazione, allora, può dirsi tale, quando l'utente considera il prodotto valido, secondo le sue attese cioè "è soddisfacente quando è giudicato così da chi lo usa e non da chi lo produce".

Nel caso di una derrata alimentare i requisiti che ne indicano la qualità interessano, più specificamente, la sua igienicità e la sua sanità.

L'igienicità è strettamente legata a quelle particolari condizioni fisico-chimiche, causa di fenomeni alterativi che compromettono le caratteristiche organolettiche del prodotto, mentre la qualità sanitaria riguarda il controllo della contaminazione da parte di germi patogeni e/o tossine, o di residui di molecole farmacologiche che possono sfociare in danni o fenomeni di tossinfezione (Rendina, 2008).

Per questa ragione, negli ultimi anni, il controllo della qualità dei prodotti è diventata un'esigenza che coinvolge di fatto tutti i settori ed in special modo quello zootecnico, che parimenti al settore alimentare si trova ad affrontare due grandi sfide, quella rivolta alla necessità di offrire la massima garanzia di sicurezza e quella dettata dalla necessità di raggiungere elevati livelli di qualità e competitività.

A tal fine si vanno sempre più affermando tecniche utili alla valutazione, al controllo ed alla diminuzione del rischio soprattutto nella fase di produzione degli alimenti. L'analisi dei rischi e la programmazione di piani utili alla riduzione della contaminazione di natura chimica, fisica o microbica rappresenta, senza dubbio, una strada da percorrere per una corretta produzione che non comprometta né la salute degli animali né quella dell'uomo. È su quest'ottica che si basa la politica comunitaria a tutela della salute pubblica ed ambientale (Rendina, 2008).

Fin dalla sua costituzione l'Unione europea ha attribuito molta importanza all'attività legislativa diretta a normare la sicurezza igienico-sanitaria degli alimenti, garantendo la produzione e commercializzazione di alimenti "sicuri", ossia privi di contaminanti nocivi per l'uomo. Oggi, l'Unione europea ha fatto della sicurezza alimentare l'obiettivo primario come dimostrato dalle numerose normative e linee di indirizzo che vengono di frequente emanate nel settore, ponendo particolare attenzione alle problematiche inerenti gli alimenti destinati all'alimentazione zootecnica, a garanzia della salute e benessere degli animali nonché a tutela dei consumatori (Petruzzelli *et al.*, 2009).

Per questa ragione negli ultimi decenni il quadro giuridico comunitario, in merito alla questione "sicurezza alimentare", ha subito non pochi cambiamenti: riguardo la sicurezza degli alimenti, il sistema produttivo alimentare si è evoluto passando dal semplice controllo del prodotto finito (igiene, proprietà nutrizionali ed organolettiche) alla successiva e progressiva applicazione dell'HACCP (Analisi dei Rischi e Controllo dei Punti Critici) lungo l'intero sistema. Tale procedura di controllo è divenuta obbligatoria nella CE dal 1993 (Gaspari e Ritieni, 2008)

Ma la vera svolta si ha nel trascorso 1996. Benché noti alcuni casi di crisi alimentari come la diossina nelle mozzarelle di bufala e nel pollo, il mercurio nei prodotti ittici, le aflatossine nel latte e gli OGM nei prodotti agricoli, l'episodio che ha senz'altro accelerato la presa di coscienza di tutta la problematica della sicurezza agro-alimentare è stata la BSE (encefalopatia spongiforme bovina) ormai famosa come "morbo della mucca pazza" (Prusiner, 1997).

La BSE ha rappresentato un importante campanello d'allarme che ha messo in evidenza, innanzitutto, una disomogenea applicazione delle norme da parte degli Stati membri e la presenza di carenze nel sistema dei controlli. Questi elementi hanno indotto la Commissione europea ad avviare una profonda revisione della normativa sulla sicurezza alimentare le cui conclusioni sono state riassunte in due documenti principali: il Libro Verde (COM 97), che definisce i principi generali della legislazione alimentare dell'Unione europea e il Libro Bianco (COM 1999) sulla sicurezza alimentare, pubblicato nel 2000.

La Commissione europea annuncia in questo testo lo sviluppo di un quadro giuridico che copra l'insieme della filiera alimentare ("dai campi alla tavola") secondo un approccio globale ed integrato. Secondo tale logica la sicurezza alimentare concerne tutti i seguenti aspetti: alimentazione e salute degli animali, protezione e benessere degli animali, controlli veterinari, controlli fitosanitari, preparazione ed igiene dei prodotti alimentari. Il testo ribadisce inoltre la necessità di instaurare un dialogo permanente con i consumatori ai fini di informazione ed educazione.

I punti chiave del Libro Bianco riguardano in special modo l'istituzione di un'Autorità alimentare europea autonoma (EFSA), incaricata di elaborare pareri scientifici sugli aspetti inerenti la sicurezza alimentare; la gestione di sistemi di allarme rapido e comunicazione dei rischi; la responsabilità primaria di produttori di mangimi, agricoltori e operatori del settore alimentare per quanto concerne la sicurezza degli alimenti; l'attuazione sistematica e coerente della politica "dai campi alla tavola"; la rintracciabilità dei percorsi dei mangimi e degli alimenti nonché dei loro ingredienti.

I risultati concreti di queste direttive sono stati raggiunti inizialmente con l'emanazione del Reg. 178/2002, che stabilisce i principi generali della sicurezza alimentare istituendo l'obbligo della rintracciabilità per tutti gli alimenti ed i mangimi, e con la successiva emanazione di altri 9 regolamenti che costituiscono il cosiddetto "Pacchetto Igiene".

Adottato nel febbraio 2002 il regolamento, noto come Reg. 178/02 dispone che dal 2005 diventi d'obbligo la rintracciabilità degli alimenti, dei mangimi, degli animali destinati alla produzione alimentare e di qualsiasi altra sostanza che entri a far parte di un alimento o di un mangime. In verità il regolamento prevede due obblighi lungo la filiera nel settore agroalimentare e mangimistico: ogni operatore deve individuare chi abbia fornito loro un alimento, un mangime o un animale destinato alla produzione alimentare (quindi, chi ha fornito cosa) e deve individuare a chi è stato fornito il proprio prodotto. In questo modo partendo da un qualsiasi anello della filiera si è in grado di verificarne il percorso, sia a monte che a valle.

Il controllo inizia dalle materie prime, dagli ingredienti, dai materiali per il confezionamento e continua durante la lavorazione e durante la distribuzione per consentire l'immissione sul mercato di un prodotto "tracciato".

La tracciabilità, già sperimentata nel 1991 nell'ambito della produzione biologica dei prodotti agricoli, deve essere documentata alle Autorità di controllo.

Mentre per tracciabilità si intende il processo che segue il prodotto da monte a valle della filiera, in sostanza quando è possibile identificare tutte le aziende che hanno preso parte al processo, per rintracciabilità invece, si intende il processo in grado di raccogliere le informazioni lasciate dal sistema della tracciabilità e risalire dal prodotto finale a ogni singolo passaggio della filiera. La rintracciabilità in fondo è uno strumento neutro che non da qualità al prodotto di per sé ma serve alle Autorità di controllo competenti per individuare e gestire eventuali problemi legati alla sicurezza alimentare.

L'attuazione di tale sistema si effettua in completa trasparenza ed il consumatore,

5

viene messo in condizione di beneficiare di questa trasparenza mediante un'etichetta, che apposta sul prodotto, fornisce le informazioni previste dalla normativa circa la natura, la provenienza e la qualità del prodotto stesso.

E' ora evidente che il Reg. 178/2002/CE rappresenta il vero caposaldo della sicurezza alimentare.

Esso sancisce, inoltre, un concetto fondamentale: la legislazione mangimistica, intesa in senso lato come alimentazione animale, rientra in quella alimentare (Libro Bianco capitolo 5: *La sicurezza dei prodotti di origine animale inizia con la sicurezza degli alimenti destinati agli animali*); lo stesso regolamento si preoccupa che l'utilizzatore del mangime o di un alimento, sia correttamente informato sull'origine e tipologia dei prodotti e che l'Autorità Sanitaria di controllo abbia le informazioni necessarie in caso di eventuale rischio sanitario al fine di permettere l'attuazione delle procedure di ritiro (*il prodotto non ha ancora raggiunto l'utilizzatore finale*) ed eventualmente di richiamo (*il prodotto ha raggiunto l'utilizzatore finale*) del mangime o dell'alimento.

Infine, il Reg. 178/2002/CE vieta l'immissione sul mercato di alimenti non sicuri, stabilisce le basi per l'applicazione del principio di precauzione, istituisce, come già visto, sia l'EFSA (Autorità Europea per la Sicurezza Alimentare) che il RASFF (Rapid Alert System for Food and Feed), ossia un sistema di allarme rapido che consente di notificare in tempo reale la presenza di eventuali rischi per la salute pubblica.

Nel 2004, però, la Commissione europea, visto l'emanazione di numerose direttive, si ritrova a dover aggiornare e riorganizzare la normativa relativa all'igiene alimentare divenuta nel contempo troppo frammentata, così viene pubblicato il cosiddetto "Pacchetto Igiene", che entra in vigore dal 1° gennaio 2006.

In esso sono definiti i principi e requisiti generali della legislazione alimentare quali, igiene degli alimenti e dei mangimi, controlli ufficiali effettuati dall'Autorità sanitaria competente, criteri microbiologici e organizzazione dei controlli.

Tali regolamenti hanno soprattutto introdotto requisiti e responsabilità a livello della produzione primaria che riguarda le coltivazioni, l'allevamento, la caccia e la pesca, che rappresentano le materie prime di un qualunque alimento. Vengono considerate poi tutte le fasi successive: produzione, trasformazione, distribuzione, fino ad arrivare alla vendita al consumatore. Questa linea d'azione innovativa è chiamata "*approccio di filiera*" e con tale metodo è possibile garantire la sicurezza di un alimento dal campo fino alla tavola.

Il Pacchetto Igiene integra il Reg. 178/2002/CE e si compone di altri 9 regolamenti qui di seguito riportati:

- *Reg. (CE) 852/04, Reg. (CE) 853/04 e Reg. (CE) 183/05* relativi all'igiene degli alimenti e dei mangimi;
- *Reg. (CE) 854/04 e Reg. (CE) 882/04* sui controlli da parte delle autorità competenti;
- *Reg. (CE) 2073, 2074, 2075 e 2076 del dicembre 2005* sui criteri microbiologici, l'organizzazione dei controlli e le misure transitorie.

Tra i princìpi messi in evidenza da questi regolamenti, si evidenziano: la tutela del consumatore, la responsabilità delle aziende, il controllo di tutta la filiera della produzione alimentare e l'applicazione di corrette prassi igieniche anche al settore della produzione primaria, ma la vera strategia è quella di uniformare la legislazione di tutti i Paesi membri in modo tale da definire i medesimi requisiti di sicurezza degli alimenti.

Uniformando così le norme sanitarie su tutto il territorio della Comunità europea, si rende possibile la circolazione di alimenti sicuri contribuendo significativamente al benessere dei cittadini e ai loro interessi sociali ed economici.

Di grande rilievo, tra i principi stabiliti dal Pacchetto Igiene, viene anche specificato come il benessere animale rappresenti un fattore indispensabile al raggiungimento degli obiettivi della nuova legislazione alimentare.

Ciò mette in risalto la stretta correlazione tra benessere animale e aspetto igienico-sanitario delle produzioni animali: buone condizioni di benessere sono ritenute essenziali per mantenere alto lo stato sanitario degli animali e quindi per garantire prodotti alimentari sani e sicuri (Macrì, 2012); a tal riguardo vi è anche un aspetto etico legato all'opinione pubblica: si richiede infatti a gran voce che si tuteli l'animale lungo tutta la filiera produttiva, dalla fase di allevamento a quella di trasporto, sino alle operazioni di macellazione. Agli allevatori, principalmente, il compito di garantire il benessere animale in quanto diretti responsabili di una produzione "animal friendly".

(*www.izs.it/IZS/Engine/RAServeFile.php/f/pdf_pubblicazioni/SARA_linee_guida_benessere_animale.pdf*).

7

Noto con il termine *Welfare*, il concetto di benessere può risultare difficile da comprendere perché non ha una sola definizione.

Secondo Hughes (1976), "Il benessere è uno stato di salute completo, sia fisica che mentale, in cui l'animale è in armonia con il suo ambiente"; Hurnik e Lehman (1988) sostengono invece che "il benessere animale è uno stato o una condizione di armonia fisica e psicologica tra l'organismo e il suo ambiente caratterizzata dall'assenza di privazioni, stimoli avversi, sovra stimolazioni o qualsiasi altra condizione imposta che influenzi negativamente la salute e la produttività di un organismo".

La definizione più recente viene da Broom e Johnson (1993), secondo la quale "Il benessere di un organismo è il suo stato in relazione ai suoi tentativi di adattarsi all'ambiente"; nella sua semplicità, questa definizione è forse quella più completa, dove il benessere diventa una caratteristica soggettiva dell'animale.

In verità, il concetto è tutt'altro che recente, infatti un primo approccio scientifico lo si può trovare nel Brambell Report del 1965 (rapporto commissionato dal Governo Inglese in merito al benessere degli animali allevati intensivamente).

Tale rapporto, oltre ad essere uno dei primi documenti ufficiali relativi al benessere animale, enuncia il principio (ripreso poi dal British Farm Animal Welfare Council nel 1979) delle cinque libertà per la tutela del benessere animale (Cevolani, 2005).

Tale benessere si considera rispettato se gli animali sono in buona salute, si sentono bene e sono liberi dal dolore.

Secondo quanto descritto dalle *cinque libertà* bisogna:

1) *garantire all'animale l'accesso ad acqua fresca e ad una dieta che lo mantenga in piena salute;*
2) *dare all'animale un ambiente che includa riparo e una comoda area di riposo;*
3) *prevenire o diagnosticare ferite e malattie trattandole rapidamente;*
4) *fornire all'animale spazio sufficiente, strutture adeguate e la compagnia di animali della propria specie;*
5) *assicurare all'animale condizioni e cure che non comportino sofferenza psicologica.*

In conclusione, per la maggior parte degli esperti, il "benessere animale" è rappresentato da un equilibrio tra l'individuo e l'ambiente che lo circonda (Macrì, 2012), ed in tal senso il concetto non include solo la salute e il benessere fisico ma il suo benessere psicologico e la capacità di esprimere comportamenti naturali.

Attualmente l'Unione europea vanta tra i più elevati standard di benessere animale al mondo ed il quadro generale di azione è definito nella *Strategia dell'UE per la protezione e il benessere degli animali 2012-2015* (COM 2012).

Di fatto, a gennaio 2012, su richiesta della Commissione e alla luce della nuova Strategia europea , il gruppo di esperti dell'EFSA pubblica le prime linee guida per la valutazione dei rischi relativi al benessere animale (EFSA, 2012): una metodologia pratica scientifica per valutare i rischi associati al benessere degli animali da allevamento, utile a tutti gli operatori del settore.

Naturalmente si tiene conto dei numerosi fattori che possono influire sul benessere animale, ad esempio il tipo di strutture stabulative, le zone di riposo, lo spazio a disposizione e la densità dei capi, le condizioni di trasporto, i metodi di stordimento e di macellazione, la castrazione dei maschi ed il taglio della coda.

Questi eventuali fattori di stress e condizioni di scarso benessere possono avere come conseguenza negli animali una maggiore predisposizione alle malattie. Ciò può determinare un rischio per i consumatori, come ad esempio nel caso delle comuni tossinfezioni alimentari causate dai batteri *Salmonella, Campilobacter* ed *E. Coli* (*www.efsa.europa.eu/it/topics/topic/animalwelfare.htm*), ma di primaria importanza rimane comunque il potenziale rischio legato all'alimentazione animale, che riveste un ruolo fondamentale.

E' risaputo che una cattiva ed insana alimentazione si traduce inevitabilmente in una scarsa qualità dei prodotti derivati e quindi in un rischio per il consumatore.

Tra le questioni inerenti la sicurezza alimentare, infatti, una particolare enfasi è stata posta dal quadro normativo ad alcune specifiche problematiche, quali la presenza di micotossine negli alimenti destinati ad alimentazione zootecnica a garanzia della salute e benessere tanto degli animali quanto dei consumatori per il rischio di trasferimento di tali tossine dagli animali ai derivati destinati all'alimentazione umana (Petruzzelli *et al.*, 2009).

Le principali fonti di contaminazione degli alimenti sono soprattutto di origine biologica e chimica, quindi microrganismi patogeni, composti chimici e micotossine, in particolare queste ultime sono tra le sostanze tossiche naturali più diffuse negli alimenti (Piva *et al.*, 1998).

A tal proposito è doveroso ricordare che spesso l'opinione pubblica, se da un lato percepisce fortemente il rischio da sostanze chimiche sintetizzate in laboratorio e solo successivamente aggiunte agli alimenti, rimane completamente ignara circa il rischio derivato da quelle sostanze tossiche che possono essere già presenti nell'alimento poiché prodotte in natura.

E' anche vero, che molti di questi fenomeni possono risultare incontrollabili e qualche volta non sono sufficienti le varie ed opportune azioni preventive, si può però concludere ricordando che la sicurezza alimentare è sufficientemente garantita da una rete molto valida costituita da servizi sanitari seri e rigorosi, ben supportati da enti pubblici efficienti ed accreditati e da istituzioni universitarie di prestigio. Il risultato di queste sinergie si traduce in concrete garanzie offerte al consumatore.

1.1 Le micotossine

Con il termine generico "tossina" si intende qualsiasi sostanza prodotta da un organismo animale, vegetale o microbico, dannosa per altri organismi (Turner *et al.*, 2009).

I rischi dovuti alle tossine sono molteplici, soprattutto se si tiene conto dei loro meccanismi di azione. Possono avere un'azione neurotossica, agendo sui neuroni o sulle sinapsi, determinando paralisi o effetti convulsivi; un'azione emotossica, agendo sul sangue con distruzione di alcuni elementi figurati e alterazione dei sistemi di coagulazione; un'azione citotossica, agendo direttamente sulla cellula.

Tra le tossine più diffuse negli alimenti e più pericolose per l'organismo umano rivestono particolare importanza le micotossine (D'Mello e MacDonald, 1997).

Il termine deriva dalla combinazione di due parole greche, mychēs, che significa "fungo" e toxicon, che significa "veleno": si tratta di prodotti chimici tossici, relativamente piccoli (PM ~700), prodotti in opportune condizioni microclimatiche dal metabolismo secondario di alcuni funghi, meglio noti come "muffe", che appartengono ai generi *Aspergillus*, *Penicillium* e *Fusarium* (Turner *et al.*, 2009).

Le micotossine sono sostanze che presentano tossicità croniche (*micotossicosi*) e raramente acute; sono ubiquitariamente presenti sul territorio, fortemente caratterizzate da un'incidenza di contaminazione stagionale e presentano una tipologia di contaminazione eterogenea, "a macchia di leopardo" (Reg. 401/2006).

Non costituiscono una classe chimica a sé, perché a differenza del metabolismo primario che è lo stesso per tutti gli esseri viventi, il metabolismo secondario dipende dalla specie e dal ceppo fungino, di conseguenza molte micotossine sono strutturalmente e chimicamente differenti. E' sorprendente, piuttosto, come questi metaboliti, pur prodotti mediante semplici reazioni biosintetiche, portino a composti, talvolta simili, aventi differenti range di effetti tossici sia acuti che cronici (Piva *et al.*, 2004).

Le micotossine si sviluppano, generalmente, durante la fine della fase di crescita esponenziale delle muffe e non hanno un ruolo evidente nello sviluppo dell'organismo che li produce, inoltre, non sembrano correlate direttamente alla

11

crescita del fungo, ma risultano essere piuttosto una sua risposta a determinati stimoli ambientali (Steyn, 1998).

Esse sono molto resistenti al calore e non vengono completamente distrutte dalle normali operazioni di cottura, né dai diversi trattamenti a cui sono sottoposte le derrate durante i processi di preparazione degli alimenti. Data la loro resistenza, possono persistere per lungo tempo dopo la crescita vegetativa e la morte e/o l'eliminazione del fungo, pertanto, l'assenza di ceppi fungini negli alimenti non indica necessariamente anche l'assenza di micotossine (Turner *et al.*, 2009).

Risultano invece sensibili, alla luce diretta solare, alle microonde, ai raggi gamma (Simas *et al.*, 2010) ed ad alcuni agenti chimici, ad esempio l'ipoclorito di sodio. Soluzioni al 5-6% di ipoclorito di sodio (NaOCl) sono sufficienti per distruggere le aflatossine (Y.Yang, 1972).

Questa è una delle ragioni per cui, è buona consuetudine nei laboratori, oltre che pratica di uso comune, pulire banconi, aree di lavoro nonché il personale venutone a contatto, mediante soluzioni di ipoclorito di sodio al 5% (UNICHIM n.179/0 del 1999).

Quando parliamo di micotossine, in genere, facciamo riferimento a quelle di maggiore interesse tossicologico, infatti non tutte le micotossine sono pericolose, fanno per esempio eccezione quelle prodotte dalle specie *Aspergillus oryzae* e *soyae*, usate in Oriente per la produzione di sakè e salsa di soia (Afuso *et al.*, 2006).

Ad oggi sono conosciute più di 300 molecole, ma i reali pericoli per l'uomo e per gli animali provengono da circa 40-50 composti (Cole and Cox, 1981) e come detto, a causa della loro enorme diversità strutturale, la gamma degli effetti indesiderati indotti da questi metaboliti tossici è molto diversificata.

La maggior parte dei lavori disponibili sull'argomento concorda nella pericolosità reale e potenziale delle micotossine, in quanto carcinogeniche, teratogeniche, estrogeniche, tremorgeniche, genotossiche o mutageniche, epato e nefro-tossiche, emotossiche e immunosoppressive (Krogh, 1974; Ferrieri *et al.*, 2011).

Le micotossine più studiate e ricercate negli alimenti, soprattutto alle nostre latitudini, sono le aflatossine, le ocratossine, i tricoteceni (tra i più importanti il

DON o Deossinivalenolo o vomitossina e la Tossina T-2), la fumonisina e lo zearalenone (Bullerman, 2003) (figura 1). Ciò suggerisce la ragionevole classificazione in due grandi categorie: "micotossine principali o maggiori" e "micotossine minori" (Reg. CE n. 1881/2006).

Le *Aflatossine*, distinte in B_1, B_2, G_1 e G_2 sono le più pericolose per la salute umana. Prodotte dalle specie *Aspergillus flavus* (B_1, B_2) e *Aspergillus parasiticus* (B_1, B_2, G_1 e G_2) rappresentano agenti di contaminazione di frutta secca ed essiccata, semi oleaginosi, cereali, spezie e prodotti derivati.

La specificità da parte dell'*A. flavus*, rispetto al *parasiticus*, nel sintetizzare le aflatossine B_1 e B_2 e quindi l'incapacità di sintetizzare le G_1 e G_2 è dovuto al fatto che i primi 2 geni, norB e cypA, coinvolti nella sintesi, sono cancellati (Ehrlich *et al.*, 2004).

Il prodotto di idrossilazione metabolica della B_1 è l'aflatossina M_1 che può essere rintracciata nel latte (*carry over*) e nei prodotti caseari provenienti da animali che hanno consumato alimenti inquinati dall'aflatossina B_1.

L'*Ocratossina A* (OTA) sintetizzata da funghi del genere *Aspergillus ochraceus* e da *Penicillium*, contamina prevalentemente i cereali, preparati di cereali, frutta, frutta secca (uvetta), caffè, cacao, spezie, liquirizia, vino, birra. E' una potente nefrotossina per tutte le specie animali testate, ad eccezione dei ruminanti adulti e per l'uomo risulta cancerogena, teratogena, immunotossica, neurotossica e genotossica.

Lo *Zearalenone* (ZEA) è prodotto da miceti del genere *Fusarium*. I ceppi tossigeni iniziano la loro attività in campo e possono proseguirla anche nei silos. Lo ZEA si ritrova i cereali e in particolare nel mais. Possiede spiccati effetti estrogenici determinando alterazioni nei cicli riproduttivi degli animali, ipofertilità e fenomeni di pubertà precoce. Non è stato classificato come agente cancerogeno per l'uomo.

I *Tricoteceni*, tra cui la tossina T-2, HT-2, il Deossivalenolo (DON), Nivalenolo (NIV), sono un gruppo costituito da almeno 70 metaboliti prodotti da diversi generi fungini; i più importanti da un punto di vista tossicologico sono quelli sintetizzati da *Fusarium*. I tricoteceni contaminano frumento, orzo, avena,

13

segale, mais e prodotti da essi derivati. Hanno effetti immunosoppressori, dermatotossici ed emorragici. Il DON, di minore tossicità tra essi, è la tossina più studiata, in quanto particolarmente diffusa negli alimenti. Sull'uomo provoca nausea, vomito, disordini gastrointestinali e cefalea.

Le *Fumonisine* sono prodotte da *Fusarium verticillioides* e *Fusarium proliferatum* (comunissimi agenti del "marciume rosa del culmo e della spiga"). Contaminano principalmente il mais e prodotti a base di mais. La fumonisina B_1, la più abbondante, è dotata di attività cancerogena e causa il cancro all'esofago nell'uomo.

La *Patulina*, infine, prodotta da funghi dei generi *Penicillium*, *Aspergillus* e *Byssochlamis* sebbene riscontrabile in molti frutti ammuffiti, cereali, ortaggi ed altri alimenti, contamina principalmente le mele e prodotti derivati. E' riconosciuta come genotossica (Piva *et al.*, 2004).

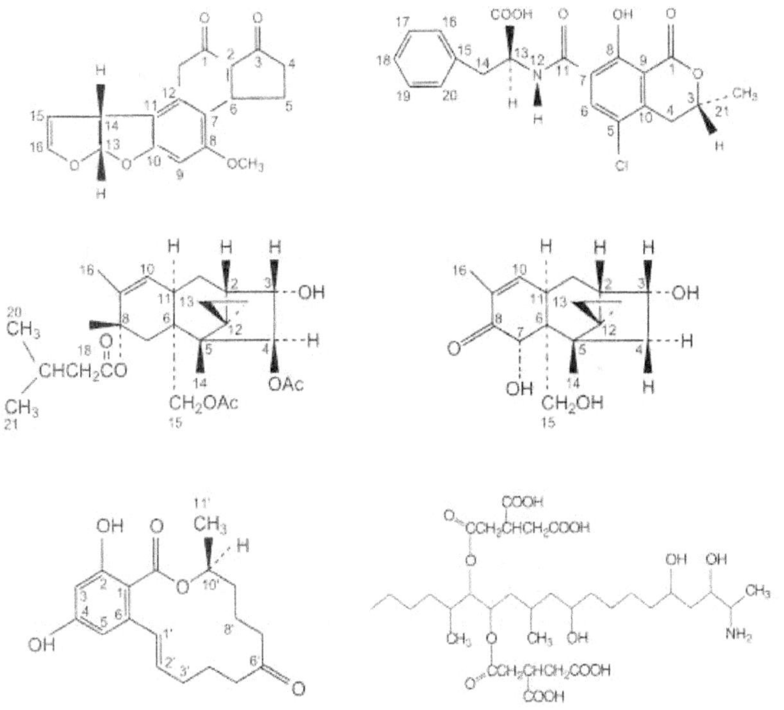

Fig.1: Struttura chimica di alcune principali micotossine (da sx a dx partendo dall'alto): aflatossina B$_1$; ocratossina A; tossina T-2; DON; zearalenone; fumonisina B$_1$.

15

Nella tabella 1 sottostante sono riassunte brevemente le micotossine di maggiore interesse con i relativi funghi produttori e target di contaminazione.

La tabella 2, a seguire, mostra le dosi e gli effetti delle micotossine dannose per le diverse specie animali.

Tab.1: Principali micotossine presenti nelle derrate alimentari e relativi funghi produttori.

Micotossina	Derrata	Funghi produttori
Aflatossine B$_1$, B$_2$, G$_1$ e G$_2$	Mais, arachidi, spezie, frutta secca	*Aspergillus flavus, A. parasiticus*
Aflatossina M$_1$	Latte, uova, formaggio	
Ocratossina A	Frumento, orzo, mais, caffè, vino, birra	*A. ochraceus, A. carbonarius, A. niger, Penicillium verrucosus*
Deossinivalenolo (DON)	Frumento, mais, orzo	*F. graminearum, F. culmorum*
Tossina T-2	Frumento, mais, orzo e segale	*F. sporotrichioides, F. poae*
Zearalenone	Mais, Frumento	*F. graminearum, F. culmorum, F. crookwellense*
Fumonisine	Mais, prodotti a base di mais	*F. verticilloides, F. proliferatum*
Patulina	Succhi di frutta (mele)	*P. expansus*

Tab.2: La tabella mostra le dosi e gli effetti di micotossine dannose per le diverse specie animali.

DOSI DI MICOTOSSINE ED EFFETTI IN DIVERSE SPECIE E CATEGORIE DI ANIMALI		
CATEGORIA ANIMALE	DOSE (ppm)	EFFETTI TOSSICI SUGLI ANIMALI
		AFLATOSSINE
BOVINI		
Vitelli	0,15	Riduzione della crescita e dell'efficienza alimentare
	1,00	Danni al fegato e perdita di peso
Vitelloni	2,00	Gravi danni epatici, morte
Vacche da latte	1,50	Riduzione della produzione di latte
SUINI	0,20	Crescita ridotta
AVICOLI	0,40	Gravi danni epatici, immunodepressione
		DEOSSINIVALENOLO
BOVINI	12,00(x10sett)	Nessun Effetto
SUINI		
Ingrasso	5,00-8,00	Riduzione sostanziale dell'ingestione (anche 50%)
	12,00	Rifiuto completo dell'alimento
	20,00	Comparsa del vomito
Scrofe	5,00	Riduzione del peso dei feti
		ZEARALENONE
BOVINI		
Manze	12,00	Ridotta fertilità
Vacche	50,00	Ridotta fertilità
SUINI		
Scrofe	3,00-10,00	Anaestro e false gravidanze
Scrofe gravide	12,00	Morte embrionale
AVICOLI	200,00	Nessun effetto
		FUMONISINE
BOVINI	10,00	Lievi danni al fegato e leggera riduzione incremento del peso
SUINI	25,00	Lievi danni epatici e riduzione dell'efficienza di utilizzazione razione
AVICOLI		
Tacchini	100,00	Ridotta ingestione, danni al fegato, rachitismo, diarrea e lesioni alle tibie
Polli	200,00	Ridotta ingestione, danni al fegato, rachitismo, diarrea e lesioni alle tibie
EQUINI	10,00	Danni al fegato, leucoencefalite e morte
		TOSSINA T-2, HT-2
BOVINI		
Vitelli	0,16	Diarrea
	0,32	Sangue nelle feci
	0,60(x30gg)	Morte al 20mo giorno
OVINI		
Agnelli	0,60(x21gg)	Iperemia focale e dermatiti alla commessura labiale
AVICOLI		
Polli	<1,00	00 Lesioni del cavo orale e dell'intestino
	>1,00	Effetti immunomodulatori
	2,00-5,00	Arresto della crescita
	>10,00 (x2.5 sett)	Frammentazione del DNA
SUINI	0,03 (x28gg)	Riduzione dell'ingestione (13%), danni al fegato, immunodepressione

17

1.2   Funghi e contaminazione

Già dal 1985 la FAO (Organizzazione per l'Alimentazione e l'Agricoltura) stimava che nel mondo circa il 25% delle derrate alimentari erano contaminate da micotossine ed oggi le Autorità competenti di molti paesi le annoverano tra le principali priorità in tema di sicurezza alimentare.

I funghi produttori di maggiore interesse tossicologico, come visto, appartengono ai generi conidiofori *Aspergillus*, *Penicillium* e *Fusarium*, figura 5, (Tortora 2008) ma, seppur limitati ad aree geografiche ristrette, meritano attenzione anche l'*Alternaria*, il *Chaetomium*, il *Claviceps*, il *Myrothecium*, il *Byssochlamys*, il *Phomopsis*, il *Tricoderma* ed il *Pithomyces*. (Cabras, 2004).

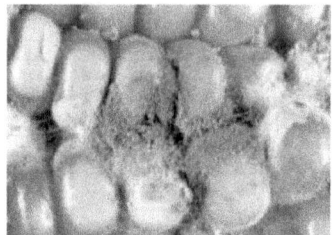

Fig.2: Mais danneggiato da muffe.

I generi conidiofori, dall'aspetto filamentoso o polverulento, infiltrandosi in maniera capillare, infestano piante e derrate alimentari (figura 2) ed in condizioni ambientali particolari, ad un certo punto del loro sviluppo, liberano dai filamenti i conidi (figura 3) da cui si originano nuovi individui.

Ad infezione avvenuta, la conseguente contaminazione da tossine può verificarsi già al momento della raccolta, conservazione e trasformazione della pianta (funghi endofiti) oppure nel corso della conservazione e dei diversi processi tecnologici delle filiere alimentari (funghi saprofiti), (Hussein e Brasel, 2001). Nella fase di pre-raccolta, essa può essere influenzata da escursioni elevate di temperatura, dalla presenza di lesioni sul frutto, (danni meccanici dovuti ad esempio alla grandine o da piogge intense), dal tipo di gestione della coltura, (piante che maturano precocemente o stress idrico), e da fattori biologico-meccanici fra cui l'attacco di insetti, come la piralide (*Ostrinia nubilalis*), noto lepidottero fitofago del mais (Cevolani, 2005).

Nella fase di post-raccolta, invece, la contaminazione può dipendere dalla

18

contaminazione originaria (micotossine "*di campo*"), ma anche dalle condizioni di stoccaggio a rischio (micotossine "*da stoccaggio*") a causa di inadeguate operazioni di pulizia e scorrette pratiche di conservazione (Arpa Piemonte, 2011).

A tal riguardo ha un senso suddividere i funghi tossigeni in "funghi di campo" e "funghi di magazzino": appartengono alla prima categoria i generi *Alternaria* e *Fusarium* ed alla seconda i generi *Aspergillus* e *Penicillium* (Cabras, 2004).

Sulla base della loro distribuzione ubiquitaria e dell'ampio range delle condizioni di crescita, è ragionevole ritenere che nessuna delle materie prime vegetali usate nei mangimi per animali possa essere considerata "a priori" indenne da questi contaminanti. E' da ritenersi inferiore, invece, il rischio di contaminazione su foraggi secchi o insilati (Cevolani, 2005).

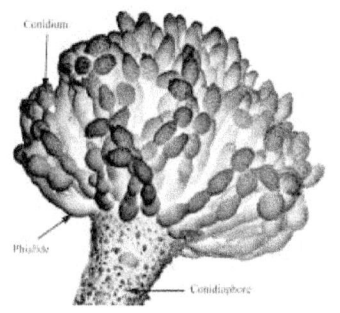

Fig.3: Immagine di contrasto di *Aspergillus flavus.*

Per quel che riguarda la semplice modalità di contaminazione, può tornare utile prendere ad esempio l'*Aspergillus flavus*. Questo fungo (figura 3) è la forma conidiofora imperfetta di un ascomicete (Nathalie, 2011) e fu catalogato per la prima volta nel 1729 dal sacerdote e biologo Pier Antonio Micheli, il quale osservandolo immaginò la forma di un aspersorio, ossia uno spruzzatore d'acqua, che in latino è detto aspergillum, da cui originò il nome.

Quando la pianta di mais si trova ancora in campo, l'*A. flavus* si mantiene nel terreno per il periodo che intercorre tra una coltura e la successiva; i suoi *conidi*, poi, trasportati dal vento e dagli insetti, giungono sui filamenti (*sete*) che escono dalle pannocchie e nella successiva fase di raccolta e conservazione, via via che i frutti maturano e perdono umidità, si creano le condizioni ideali per lo sviluppo del

nuovo fungo e la produzione di
tossine (figura 4).

In molti casi, non sembra
necessario che il fungo
raggiunga il massimo sviluppo
prima che si abbia produzione
di tossine; essa può avvenire
con un ritardo di poche ore o di
giorni, anche se di norma
coincide con il decimo giorno di
sviluppo del micelio (Ceruti *et
al.*, 1993; Zaghini e Lambertini,
1995). Tutto ciò dipende anche
dal tipo di substrato che viene
contaminato (Pietri, 1998).

Ad esempio le muffe e le
micotossine di pertinenza dei
ruminanti sono quelle che

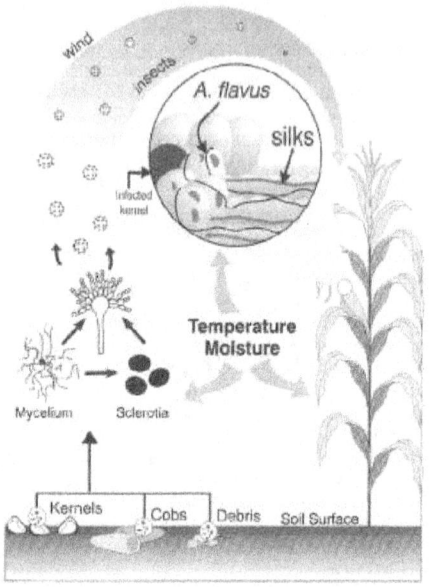

Fig.4: Contaminazione del mais da *Aspergillus flavus*.

contaminano soprattutto le fonti di supplemento proteico come il cotone e la farina
di arachidi, oltre che cereali (Iqbal *et al.*, 2013); in qualche caso si riscontrano anche
nel fieno, quando è raccolto con un'umidità superiore al 20%, negli insilati e nei
concentrati. I cereali, comunque, si possono considerare tra i maggiori vettori di
micotossine e verosimilmente, la presenza di amido incrementa la
micotossinogenesi (Pfohl-Leszkowicz, 2000).

Mais e frumento, soprattutto sono i più soggetti a contaminazione (Barug *et al.*,
2004) ma non si escludono la segale, l'avena e il riso; a rischio di infezione, inoltre,
le arachidi, le nocciole, le mandorle, il pistacchio, le noci, il caffè, i fichi, le spezie, la
frutta e la verdura (Turner *et al.*, 2009; Nathalie, 2011).

Gli effetti di una contaminazione si traducono spesso in una riduzione
quantitativa e qualitativa del valore alimentare: nel caso di in una partita di mais
molto contaminata, ad esempio, si può arrivare ad avere una diminuzione del

tenore di energia, proteine e grassi, rispettivamente del 5, del 7 e del 63% (la quota lipidica è più sensibile all'attacco fungino) e non solo, infatti la produzione di cariossidi bianconate e contaminate, compromettono le caratteristiche merceologiche della granella, riducendo la qualità delle sementi e rendendone difficile il commercio, l'esportazione, la trasformazione ed il consumo (McMullen *et al.*, 1997).

La contaminazione, che di fatto sembra specifica per i vegetali, interessa come conseguenza anche i prodotti di origine animale per effetto del *carry over*. Tale eventualità ha una notevole portata pratica per il latte, i formaggi e i prodotti lattiero-caseari, mentre è trascurabile per le uova e la carne (Cabras, 2004).

Alla luce di quanto finora discusso sembra superfluo ricordare che la contaminazione può avvenire ad ogni stadio della produzione alimentare, il che induce l'Unione europea a richiede la valutazione ed il controllo dei maggiori componenti della catena di produzione alimentare con particolare forza per la produzione primaria.

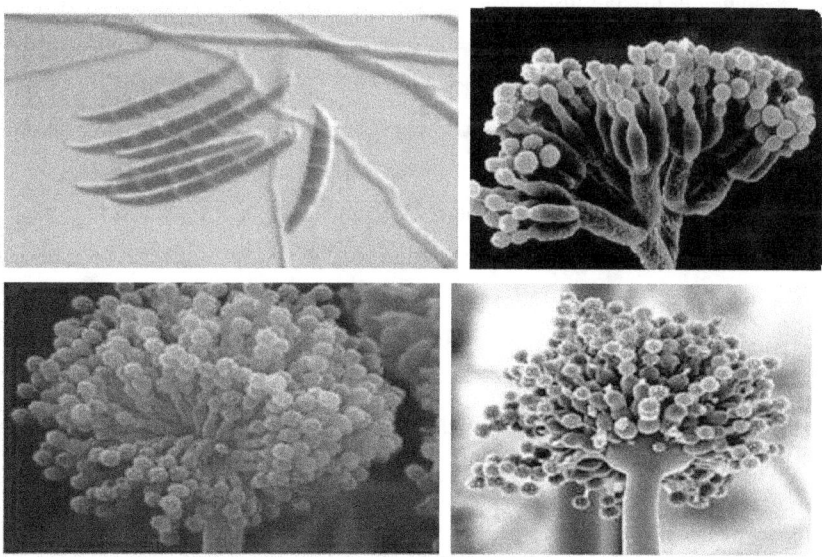

Fig.5: Immagini di *Fusarium* e *Penicillium* (in alto), *Aspergillus parasiticus* e *flavus* (in basso).

21

1.3 Parametri di crescita

Non vi è alcun dubbio che fattori geografici e stagionali hanno un ruolo decisivo per la presenza di micotossine negli alimenti (Miraglia, 2008; Paterson, 2011).

Come già messo in evidenza, stress ambientali quali condizioni di estrema aridità del campo o mancanza di un assorbimento bilanciato di nutrienti, oltre che temperatura ed umidità, sono tutte condizioni favorevoli allo sviluppo delle muffe in campo; nelle successive fasi di raccolta, entrano in gioco l'epoca di raccolta, il livello di maturazione ed i valori di umidità; infine, durante la fase di stoccaggio sono ancora la temperatura e l'umidità, che insieme ai tempi di permanenza in ambienti chiusi (per esempio nei silos), influenzano l'attacco fungino.

Naturalmente tutti questi fattori influiscono in modo diverso in funzione del tipo di micotossina, delle popolazioni fungine e soprattutto del substrato.

Parlando di umidità, negli ultimi tempi, piuttosto che sull'umidità relativa dei substrati, si è preferito porre l'accento sul loro contenuto in *acqua libera* (a_w – *Water Activity*): è un concetto che non va confuso col contenuto di acqua di un alimento, ma piuttosto indica la disponibilità dell'acqua nell'alimento. In poche parole, l'acqua non vincolata dai legami con i costituenti solubili dell'alimento, quindi utilizzabile nel metabolismo microbico (Pitt e Hocking, 2009).

Definita come il rapporto tra la pressione di vapore dell'acqua nel prodotto (P) e la pressione di vapore dell'acqua pura (P_0) nelle stesse condizioni, ($a_w = P/P_0$), l'acqua libera può assumere valori che vanno da 0 (s.s. al 100%) ad 1 (acqua pura).

In generale, più basso è il valore di a_w e meno acqua è disponibile per la crescita fungina.

Ciò detto, le condizioni ottimali di crescita per le muffe sono, mediamente:

- temperatura di circa 25°C, anche se alcune specie aflatossigene hanno intervallo compreso tra 6 e 46°C con optimum a 36-37°C (Pitt e Hocking, 2009); per la sintesi delle aflatossine sono richieste temperature comprese tra 12 e 40°C con optimum a 25-27°C (Koehler *et al.*, 1985);
- umidità ambientale compresa tra 18 e 20% (Iqbal *et al.*, 2013);

22

- attività dell'acqua ≤ 0,85: in effetti i funghi potrebbero crescere a tenori di a_w superiori ma a tali valori diventa predominante la presenza di batteri che sono fortemente competitivi. Il valore più basso di a_w riscontrato è pari a 0,61 (Piva *et al*, 1998).
- range di pH compreso tra 0 e 11 (Jay, 2009), con un optimum tra 3 e 8,5 (Iqbal *et al.*, 2013).

Relativamente alle aflatossine, secondo Northolt e van Egmond (1981) l'*Aspergillus flavus* e *parasiticus* richiedono per la crescita un range di temperatura pari a 19°-35°C, con valori di pH tra 3,5 ed 8 ed a_w tra 0,80 e 0,84; la sintesi delle aflatossine avviene invece ad una temperatura ottimale di 25-28°C (Sanchis e Magan 2004), con valori di pH tra 3,5 e 8, optimum a 6, ed un range da 0,82 a 0,99 per a_w con optimum a 0,85 (Sweeney e Dobson, 1998).

Tra questi parametri, riassunti nella tabella 3 sottostante, le condizioni termiche sono quelle più in generale specie-specifiche, ma in letteratura comunque, non vi è notizia di casi di tossinogenesi a temperature inferiori a 10°C.

Tab.3: La tabella riassume i fattori ambientali che influenzano l'aflatossinogenesi.

Fattori ambientali	minimo	optimum	massimo
Umidità ambientale (%)	18	---	20
Attività dell'acqua (a_w)	0.82	0.85	0.99
Temperatura (°C)	12	25-28	40
pH	3.5	6.0	8.0

1.4 Effetti delle micotossine

Di solito le micotossine sono genotipicamente specifiche ma possono essere prodotte da una o più specie fungine, oltretutto, diverse tra loro dal punto di vista chimico, interagiscono in modo differente nell'organismo dando origine ad effetti biologici anche molto gravi (Turner *et al.*, 2009).

Questi effetti provocati sulla salute dell'uomo e degli animali sono noti da tempo, ma il problema fu pienamente rilevato nella sua importanza solo a partire dal 1960, quando in Inghilterra si ebbe la comparsa della malattia X del tacchino ("turkey X disease") causata da una partita di farina di arachidi contaminata da aflatossina prodotta da *Aspergillus flavus* che provocò la morte di 100.000 tacchini e numerose anatre e fagiani. Questo evento diede realmente inizio all'era delle micotossine (Piva *et al.*, 1998).

Oggi sono ben noti gli effetti tossici, così com'è noto pure che se una sola micotossina è in grado di colpire più di un sistema contemporaneamente, più micotossine possono agire sinergicamente, rendendone difficile il controllo e soprattutto la riproducibilità in laboratorio ai fini di ricerca (WHO, 2001).

La maggior parte delle informazioni circa la problematica micotossicologica che riguarda gli animali in produzione zootecnica ci viene fornita dalla medicina veterinaria, ma tuttavia, anche se di difficile valutazione, esiste un reale rischio anche per l'uomo (Bullerman, 2003).

Tutto ciò ha catturato l'attenzione degli Organismi Nazionali ed Internazionali, che hanno definito delle linee guida al fine di limitare la proliferazione di queste muffe, dei rischi e dei danni economici che ne conseguono. Altrettanto significativi sono stati gli studi e le pubblicazioni in questo campo, che sono state incrementate esponenzialmente nel tempo.

1.4.1 Effetti tossicologici negli animali

Con la dovuta premessa che l'effetto dell'assunzione di tossine varia in funzione dello stato fisiologico e di salute dell'animale, in ambito zootecnico ed in relazione alle concentrazioni di micotossine presenti negli alimenti si possono manifestare:

1. *micotossicosi cliniche*, piuttosto rare, caratterizzate da sintomi riferibili alla compromissione di apparati ed organi bersaglio delle specifiche micotossine in causa;
2. *micotossicosi subcliniche*, più frequenti e difficili da diagnosticare in quanto caratterizzate solo da calo quantitativo e qualitativo delle produzioni ed eventualmente da patologie secondarie.

Uno degli effetti più consistenti, che si manifesta già a bassi livelli di micotossine, è rappresentato dalla riduzione delle *performances* produttive degli animali (Tabata, 2002), ma non meno importante si presenta il problema relativo alla diminuzione della crescita, causata da una ridotta assunzione di alimento o diminuita utilizzazione dei nutrienti.

Questi effetti si generano più frequentemente quando l'azione di più aflatossine risulta combinata: intossicazioni croniche da aflatossine B_1 e B_2 portano ad importanti perdite di produttività (Dilkin *et al.*, 2003), effetto riscontrato anche nelle scrofe, quando l'azione sinergica coinvolge le aflatossine B_1 e G_1 (Bonomi *et al.*, 1997).

Le micotossine, inoltre, causano alterazioni del metabolismo, influenzando l'efficienza riproduttiva di entrambi i sessi ed alterazioni sul sistema immunitario con conseguente compromissione della produttività animale. Questi ultimi sono difficili da riconoscere perché i sintomi della malattia sono spesso associati all'infezione piuttosto che alla tossina che ha predisposto l'animale all'infezione (Pietri e Bertuzzi, 2012).

A tal proposito risulterà interessante citare uno studio di Cabassi *et al.* (2003), circa i riscontri positivi ottenuti dall'impiego di vitamine A ed E, in aggiunta al

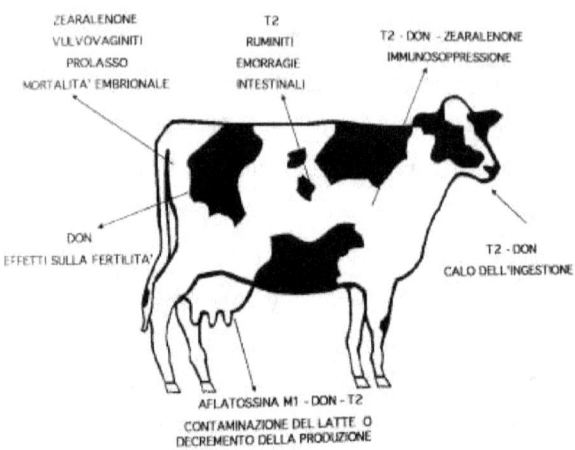

Fig.6 : Micotossicosi nella vacca da latte. Estrapolata da Cevolani, 2005.

mangime contaminato, al fine di contenere le alterazioni del sistema immunitario.

Emorragie intestinali, vulvovaginiti, contaminazione del latte e ruminiti sono altri effetti causati dalle micotossine, ad esempio nella vacca da latte, come mostrato nella figura 6.

In linea generale, concentrazioni elevate di micotossine, (alcuni mg/kg nell'alimento – *ppm*) determinano negli avicoli, nei suini e nei bovini, sindromi epatiche caratterizzate da ittero, apatia, diarrea e melena, ma possono essere rapidamente letali, come più spesso accade nei giovani volatili (anatroccoli, tacchinotti). Nel caso di concentrazioni più basse (centinaia di μg/kg nell'alimento – *ppb*) si riscontrano inappetenza e diarree, con ridotti incrementi ponderali, pelo ruvido ed opaco (De Liguoro, 2006).

Perché una micotossina produca degli effetti dannosi ed indesiderati, questa deve essere biotrasformata, poiché in natura essa è priva di intrinseca attività tossica e mutagena. La biotrasformazione avviene principalmente nel fegato ma non mancano casi di biotrasformazione in tessuti extraepatici, come ad esempio la mucosa olfattiva e respiratoria del suino, dove la capacità di bioattivare l'aflatossina B_1 risulta addirittura maggiore rispetto al fegato (Larsoon e Tjalve, 1996).

Larsoon ritiene che l'accumulo di aflatossine nei tessuti è correlato con la capacità di formare complessi AFB1-DNA, confermando che la bioattivazione avviene localmente in tessuti extraepatici.

Questo, come si vedrà, è dovuto alla presenza di enzimi citocromo P450 in grado di catalizzare un'epossidazione. Anche la mucosa tracheale, congiuntivale e della laringe mostrano queste proprietà, sia nel suino che in altre specie animali.

Pertanto l'aflatossina B_1 può essere, considerata il fattore eziologico nello sviluppo di tumori a livello della mucosa nasale in più specie, considerando l'esposizione degli animali attraverso le polveri e per ingestione (Larsoon e Tjalve, 1996).

Nel caso dei ruminanti, invece, le aflatossine che ingerite raggiungono il rumine, subiscono qui la bioconversione e solo il 2-5 % di queste arriva in sede intestinale, viene assorbita a livello duodenale e passa nel sangue per legarsi alle albumine seriche (Hsieh e Wong, 1994).

Queste le trasportano al fegato dove avviene la loro metabolizzazione, che dà origine a diversi idrossi-derivati, destinati a lunghe percorrenze nel torrente circolatorio.

Una piccola parte delle aflatossine metabolizzate (la M_1 ed M_2), si può depositare nei tessuti muscolari, mentre gran parte di essa è escreta dalla sede epatica e renale per mezzo di bile, urina e latte.

Reazione di prima fase: La reazione di prima fase, che avviene in sede epatica, consiste nell'ossidazione da parte degli enzimi microsomiali.

L'aflatossina B_1 ingerita reagisce inizialmente con le ossidasi, citocromo P450 dipendenti, ossia enzimi microsomiali con funzione detossificante (Zinedine *et al.*, 2007) e successivamente viene convertita, mediante idrossilazione, in diversi metaboliti come l'aflatossina Q_1, l'aflatossina P_1, l'aflatossina B_{2a}, le aflatossine M_1 e M_2 e l'aflatossicolo il quale viene riconvertito in B_1 e ne costituisce una riserva (Yiannikouris e Jouany, 2002).

Le ossidasi producono, inoltre, l'aflatossina B_1 8,9-epossido, una tra le sostanze a più alto potere cancerogeno ad oggi conosciute (Yiannikouris e Jouany, 2002).

Questo composto pur avendo vita breve è molto reattivo, per questo viene indicato come principale mediatore del danno cellulare. Un mezzo di detossificazione dell'aflatossina B_1 8,9-epossido è la formazione del suo derivato con il glutatione, mediata dall'enzima glutatione S-transferasi; l'attività di quest'ultimo varia a seconda della specie animale, questo è il motivo alla base della differente suscettibilità degli animali alle tossine (Smela *et al.*, 2001).

Reazione di seconda fase: La reazione di seconda fase interessa il processo di detossificazione delle aflatossine, aumentandone l'idrosolubilità e favorendone l'escrezione attraverso la bile ed in minor misura attraverso le urine e il latte (Pittet, 1998).

In questa fase il B_1 8,9-epossido si lega al glutatione ed in misura minore viene trasformato in aflatossicolo, mentre gli altri metaboliti (aflatossina M_1, l'aflatossina P_1, l'aflatossina Q_1) vengono coniugati con l'acido glicuronico (Yiannikouris e Jouany, 2002) ed eliminati attraverso l'escrezione.

Chiariti adesso alcuni meccanismi, risulta evidente il motivo per cui i gradi di suscettibilità degli animali all'effetto delle micotossine è diverso: ciò dipende dalla diversa efficienza di bioattivazione e secondo Howard *et al.*, (1990) dai sistemi di detossificazione del fegato, oltre che dalla genetica, dall'età e da altri fattori nutrizionali.

Devegowda *et al.* (1999), pongono gli avicoli tra le specie ad elevata sensibilità, mentre bovini, equini e suini tra quelli a sensibilità più bassa (figura7). Tra i ruminanti, poi, si osserva una maggiore resistenza degli ovi-caprini e dei bufalini rispetto ai bovini e tra i bovini, infine, i vitelli risultano maggiormente sensibili.

Secondo alcuni autori la resistenza dei ruminanti, è dovuta alla flora ruminale, che riveste un ruolo importante nella demolizione delle tossine ingerite (Hussein e Brasel, 2001). Il rumine funge da barriera all'assorbimento delle sostanze tossiche grazie alla capacità di alcuni microrganismi, in modo particolare protozoi, di operare una detossificazione (Kiessling *et al.*, 1984), meccanismo che contribuisce a tenere bassi i livelli plasmatici di tossine e derivati (Prelusky *et al.*, 1990).

Fig.7: Livelli di micotossine nell'alimentazione in grado di determinare problemi evidenti nelle diverse produzioni animali.
Le specie più sensibili alla AFB1 sono: tra i volatili l'anatroccolo (DL50 di 0.35 mg/kg di peso corporeo), il tacchino (0.4 mg/kg) ed il pulcino (1 mg/kg); tra i mammiferi il cane (0.5 mg/kg), il gatto (0.55 mg/kg), il coniglio (0.3 mg/kg) ed il suino giovane (0.62 mg/kg), mentre in generale gli ovini ed i caprini sono meno sensibili. (Estratto da De Liguoro Marco, 2006).

1.4.2 Effetti tossicologici nell'uomo

L'impatto delle micotossine sulla salute umana dipende dalla quantità di micotossina assunta, dalla sua tossicità, dal peso corporeo dell'individuo e da fattori dietetici. Ad ogni modo, la loro attività tossica si esplica per ingestione, contatto ed inalazione, causando micotossicosi sia acute che croniche.

Gli effetti tossici più importanti si manifestano mediante attività cancerogena, mutagena, teratogena, immunosoppressiva, ematotossica, epatotossica, nefrotossica, neurotossica ed osteotossica (Cabras, 2004).

Tra le micotossine, le aflatossine (specialmente l'aflatossina B_1) sono ritenute le più potenti per l'elevata tossicità (Tavčar-Kalcher *et al.*, 2007); si stima che la dose mortale di aflatossina B_1 oscilla tra 0,6 e 10 parti per milione (ppm = mg/Kg).

Una volta assorbite nel tratto gastro-intestinale, le aflatossine possono essere attivate o detossificate nella mucosa intestinale e nel fegato. La biotrasformazione avviene attraverso processi di epossidazione, ossidrilazione, O-demetilazione, coniugazione e processi non enzimatici. In particolare, la B_1 subisce un'ossidazione che porta all'8,9-epossido, biologicamente reattivo, che forma addotti covalenti con DNA, RNA e proteine (Iqbal *et al.*, 2013)(figura 8).

Come per gli animali, il meccanismo di detossificazione dell'8,9-epossido è la formazione del suo derivato con il glutatione (Caloni *et al.*, 2010), anche se negli esseri umani quest'attività di coniugazione è inferiore, ma di contro, è dimostrato che gli epatociti umani tendono a formare una minor quantità di epossidi rispetto agli epatociti dei ratti (JECFA, 2001; WHO, 2002).

Per quanto riguarda, infine, la loro escrezione, in parte vengono eliminate attraverso il tratto intestinale, ma le principali vie sono rappresentate da quella biliare (in forma di AFB1-glutatione) e urinaria (come aflatossina M1 e AFB1-N7-guanina). Anche il latte è una via di escrezione (Galvano *et al.*, 2008).

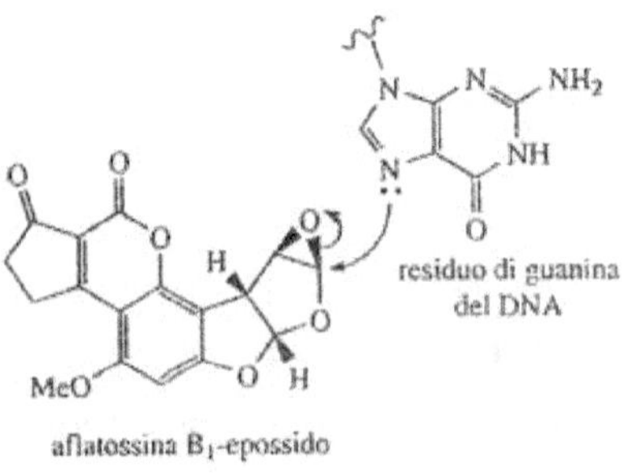

residuo di guanina
del DNA

aflatossina B_1-epossido

Fig.8: Interazione B_1-8,9-epossido - DNA.

1.5 Le aflatossine

Le aflatossine sono un gruppo di metaboliti eterociclici prodotti da funghi "da stoccaggio" del genere *Aspergillus* (*A. flavus* ed *A. parasiticus*) (Pitt, 1993).

Sebbene siano state identificate finora 18 differenti aflatossine, soltanto quattro sono riconosciute come agenti naturali di contaminazione di mangimi ed alimenti (Cevolani, 2005).

Gli alimenti più soggetti a contaminazione sono soprattutto i cereali (in particolare mais e frumento), ma anche noci, nocciole, arachidi, pistacchi, mandorle, cotone, fichi e spezie.

Questi substrati sembrano particolarmente indicati, in quanto per la formazione delle aflatossine sono richieste sostanze nutritive specifiche, come i minerali, le vitamine, gli acidi grassi, gli aminoacidi e le fonti energetiche come l'amido (Wyatt, 1991), nonché alte concentrazioni di carboidrati (Davis e Diener, 1968).

Le aflatossine devono la loro scoperta alla già citata malattia X del tacchino, che portò ad un approccio multidisciplinare nei confronti della causa che aveva provocato tale patologia.

Gli sforzi portarono all'individuazione di una sostanza tossica presente nella farina di noci Brasiliane, tale sostanza era prodotta da due funghi, gli ormai noti *Aspergillus flavus* e *Aspergillus parasiticus*, e le fu dato il nome di "aflatossina", come acronimo derivato dal nome della prima specie fungina (A. flavus/tossina → Aflatossina) (Nesbitt *et al.*, 1962; Hartley *et al.*, 1963).

Separando tale sostanza cromatograficamente si scoprirono quattro diversi componenti. A tutti venne dato il nome di "aflatossina", ma furono distinti in B_1, B_2, G_1 e G_2 in funzione della loro mobilità cromatografica e del colore fluorescente emesso quando eccitate con luce ultravioletta a 360nm (B=Blue fluorescence; G=Green fluorescence) (Sweeney e Dobson, 1998; O' Neil *et al.*, 2001).

Oltre alle specie *flavus* e *parasiticus*, esistono altre specie fungine, meno note, in grado di produrre aflatossine appartenenti alla specie *Aspergillus*, ad esempio l'*Aspergillus nomius* (Pitt, 1993), l'*Aspergillus bombycis*, (Peterson *et al.*, 2001), l' *Aspergillus tamarii* (Goto *et al.*, 1996) e l'*Aspergillus australis* (Geiser *et al.*, 1998).

Chimicamente le aflatossine presentano, da una parte, un nucleo cumarinico fuso con un sistema bifuranico altamente reattivo e dall'altra con un pentanone, nelle B, o un lattone a sei termini, nelle G (figura 9): l'anello furanico risulta responsabile sia dell'elevata risposta in spettrofotometria di fluorescenza sia dell'elevata tossicità, producendo una vasta gamma di effetti biologici (Hsieh, 1987).

Le aflatossine sono riconosciute, non solo come contaminanti ambientali, ma anche come pericolosi agenti cancerogeni ad elevata stabilità e con la peculiare caratteristica di essere inodori, insapori ed incolori; dotate di elevata tossicità, sia acuta che cronica, mostrano il seguente ordine di attività/pericolosità $B_1>M_1\geq G_1>B_2>G_2$ (Chu, 2003; Cabras, 2004).

Sono, oltretutto, molecole a basso peso molecolare (<500 u.m.a. – unità massa atomica), alto punto di fusione (250-300°C ed in particolare 269°C per B_1) ed elevata termostabilità (250°C), solubili in acqua (10-30µg/ml), solubili in solventi organici polari come cloroformio, metanolo e dimetilsolfossido e non solubili in solventi apolari (Cole e Cox, 1981; Iqbal *et al.*, 2013).

La figura 9 sottostante mostra la struttura delle quattro aflatossine, mentre la tabella 4, a seguire, ne riassume le caratteristiche chimiche.

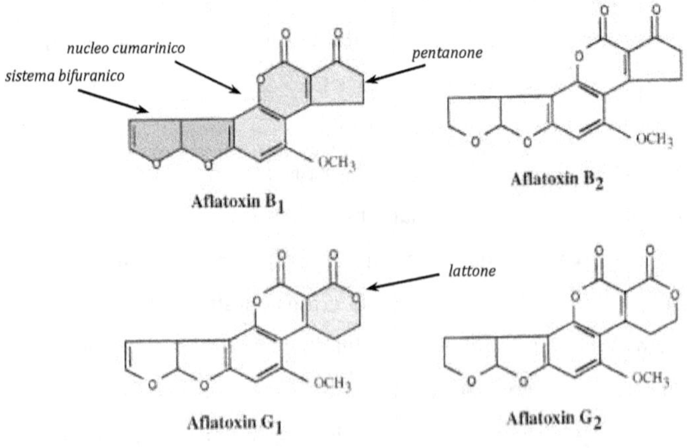

Fig.9: Struttura delle quattro aflatossine: B_1 ($C_{17}H_{12}O_6$; MW(g/mol):312,28), B_2 ($C_{17}H_{14}O_6$); MW(g/mol):314,29); G_1 ($C_{17}H_{12}O_7$; MW(g/mol):328,28); G_2 ($C_{17}H_{14}O_7$; MW(g/mol):330,29).

Tab.4: La tabella riassume la caratteristiche chimiche delle aflatossine in termini di formula di struttura, unità massa atomica e denominazione secondo l'International Union of Pure and Applied Chemistry (*www.iupac.org*).

Aflatossina	Formula di struttura	Massa molare	Nome IUPAC (International Union of Pure and Applied Chemistry)
B$_1$	C$_{17}$H$_{12}$O$_6$	312.28	2,3,6a,9a-tetrahydro-4-methoxycyclopenta(c)furo(3',2':4,5)furo(2,3-h)(1)benzo-pyran-1,11-dione
B$_2$	C$_{17}$H$_{14}$O$_6$	314.29	2,3,6aa,8,9,9aa-Hexahydro-4-methoxycyclopenta(c)furo(2',3':4,5)furo(2,3-h)chromene-1,11-dione
G$_1$	C$_{17}$H$_{12}$O$_7$	328.28	7AR,cis)3,4,7a,10a-tetrahydro-5-methoxy-1H,12H-furo(3',2':4,5)furo(2,3-h)pyrano(3,4-c)chromene-1,12-dione
G$_2$	C$_{17}$H$_{14}$O$_7$	330.29	1H,12H-furo(3',2':4,5)furo(2,3-h)pyrano(3,4-c)(1)benzopyran-1,12-dione
M$_1$	C$_{17}$H$_{12}$O$_7$	328.28	(6AR-cis)-2,3,6a,9a-tetrahydro-9a-hydroxy-4-methoxycyclopenta(c)furo(3',2':4,5)furo(2,3-h)(1)benzopyran-1,11-dione
M$_2$	C$_{17}$H$_{14}$O$_7$	330.29	2,3,6a,8,9,9a-Hexahydro-9a-hydroxy-4-methoxycyclopenta(c)furo(3',2':4,5)furo(2,3-h)(1)benzopyran-1,11-dione

1.5.1 Biosintesi delle aflatossine

La biosintesi delle aflatossine è molto complessa ma verranno di seguito descritti alcuni punti salienti dell'intero processo, schematizzato nella figura 10.

Il precursore delle aflatossine è una catena poli-β-chetinica (cerchiata in verde) derivante dall'interazione dell'esanoil-CoA e sette unità di malonato, in forma di malonil-CoA.

La catena carboniosa poli-β-chetinica è costruita mediante un meccanismo analogo alla sintesi e allungamento degli acidi grassi e la disposizione dei gruppi chetonici nella catena in crescita viene stabilizzata dall'enzima fino a che non sia completato il processo di allungamento.

33

Dal sistema polichetinico, attraverso reazioni di condensazione intramolecolari e di ossidazione, che portano a ciclizzazioni e successive aromatizzazioni, si ha la formazione di un antrachinone: l'acido norsolorinico.

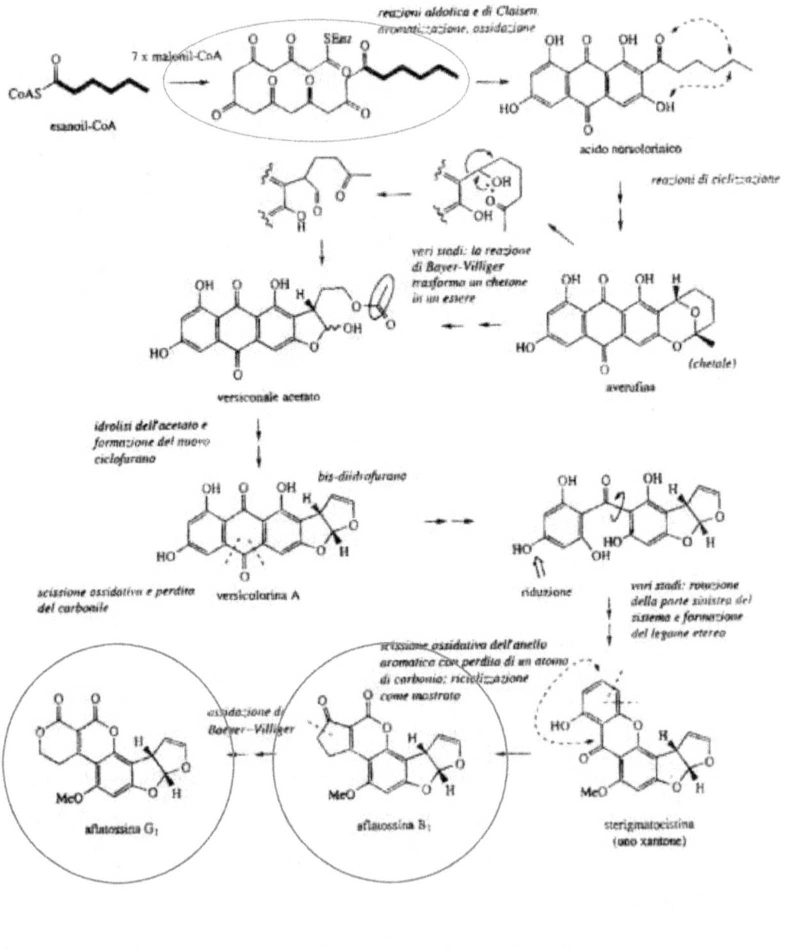

Fig.10: Schema della biosintesi delle aflatossine.

34

Per ciclizzazione della catena a sei atomi di carbonio dell'acido norsolorinico si ottiene un chetale ciclico: l'averufina. Da questo, attraverso una serie di reazioni ossidative ed idrolitiche, si ha la formazione di un intermedio contenente già l'unità bis-diidrofuranica: la versicolorina A (Tabata, 2002).

Per successiva scissione ossidativa dell'anello antrachinonico, riassestamento conformazionale e successiva riciclizzazione si ha la formazione dello scheletro xantonico della sterigmatocistina, ultimo intermedio nella biosintesi dell'aflatossina B_1 (figura 11). Da questa, per ossidazione si ottiene l'aflatossina G_1 e poi mediante l'idrogenazione del doppio legame dell'unità bis-diidrofuranica delle aflatossine B_1 e G_1, (cerchiate in rosso) si hanno rispettivamente le B_2 e G_2 (Dewick, 2001).

Nello schema di biosintesi, gli intermedi sterigmatocistina e versicolorina A sono già tossine prodotte da funghi della specie *Aspergillus* con carattere carcinogeno (Sweeney e Dobson, 1998).

Fig.11: Rappresentazioni tridimensionali dell'aflatossina B_1: vengono mostrati in nero gli atomi di carbonio; in rosso gli atomi di ossigeno; in bianco gli atomi di idrogeno $(C_{17}H_{12}O_6)$.

35

Successivamente, alla scoperta delle quattro aflatossine, Sargeant e Carraghan (1963), ipotizzarono che residui di aflatossina ingeriti dagli animali con la razione, potessero ritrovarsi nel latte o in altri derivati.

In vacche da latte alimentate con prodotti contaminati da aflatossina B_1, in effetti, venne ritrovata una sostanza tossica, che risultò nociva quanto l'aflatossina B_1 e risultò legata alle frazioni caseiniche della cagliata. Tale sostanza rivelò una fluorescenza blu-viola simile a quella osservata per l'aflatossina B_1, ma in questo caso dato il precedente isolamento dal latte gli venne attribuito il nome di aflatossina M o "milk toxin" la cui formula chimica era $C_{17}H_{12}O_7$.

L'aflatossina M_1 è stata quindi il primo metabolita idrossilato della B_1 ad essere isolato e identificato (Holzapfel *et al.*, 1966). Non molto tempo dopo Patterson *et al.*, (1978), isolarono, a partire dalle urine e dal latte, oltre l'aflatossina M_1 anche la M_2 ($C_{17}H_{14}O_7$), identificandole, definitivamente, come metaboliti della B_1 e B_2 dei mammiferi (figura 12).

A conferma di tale scoperta, successivi studi sulle strutture dell'aflatossine rivelarono che l'aflatossina M_2, effettivamente emetteva una fluorescenza viola (Van Egmond 1989).

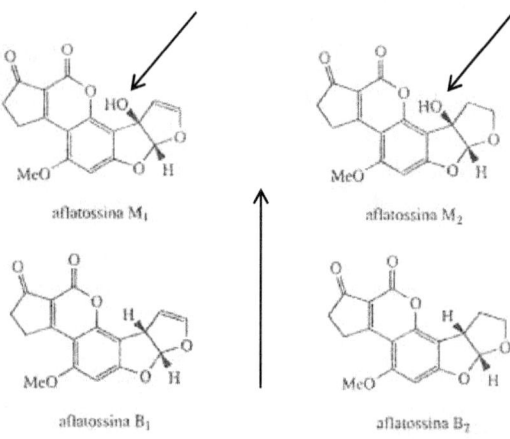

Fig.12: Aflatossine B_1 e B_2 messe rispettivamente a confronto con le aflatossine M_1 [$C_{17}H_{12}O_7$; MW(g/mol):328,28] ed M_2 [$C_{17}H_{14}O_7$; MW(g/mol):330,29].

1.5.2 Carry over

Quando gli alimenti ingeriti risultano contaminati da aflatossina B_1, questa viene trasformata dal fegato in metaboliti polari (M_1) generalmente meno tossici, eliminati attraverso le urine, la bile ed il latte.

Questo passaggio è noto con il termine di *carry over*.

Nel latte, in particolar modo, l'aflatossina M_1 si lega alle proteine (nel latte vaccino è associata alla caseina) e compare circa 12 ore dopo la somministrazione di un alimento contaminato. Vacche alimentate con mangimi contaminati da aflatossina B_1, hanno presentato, inoltre, notevoli livelli di aflatossina M_1, anche in tessuti muscolari ed organi, in particolare, nel cervello, nella cistifellea, nel cuore, nell'intestino, nei reni, nel fegato, nei polmoni, nella ghiandola mammaria, nella milza e nella lingua, con livelli massimi rilevati, per i reni, per la ghiandola mammaria e per il fegato (Stubblefield *et al.*, 1983).

Chimicamente, durante la trasformazione, l'aflatossina B_1 subisce un'idrossilazione del legame furo-furano costituendo l'aflatossina M_1 (figura 13):

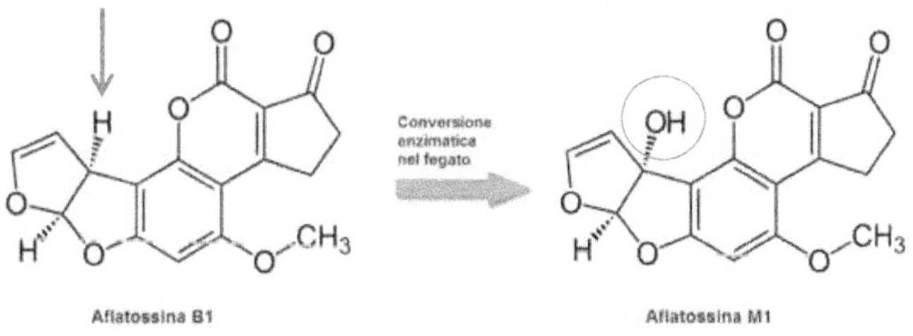

Aflatossina B1   Aflatossina M1

Fig.13: Idrossilazione del gruppo furo-furano dell'aflatossina B_1 che porta alla formazione dell'aflatossina M_1.

Una situazione del tutto analoga riguarda l'aflatossina M_2 che deriva dalla parziale detossificazione dell'aflatossina B_2.

L'aflatossina M_1, è considerata tossica al 100% parimenti all'aflatossina B_1, ma rispetto a questa, risulta cancerogena al 33% e mutagena al 3,3 % (Ewaidah, 1987).

Stabilito che vi è un rapporto diretto tra il valore di aflatossina M_1 e la concentrazione di aflatossina B_1 dei mangimi consumati dagli animali (Dragacci *et al.*, 1995; Bakirci, 2001),questo rapporto, più o meno costante, mette in evidenza che durante il *carry over* non tutta la quantità di aflatossina B_1 viene a ritrovarsi nel latte come M_1; quest'ultima infatti raggiunge valori variabili che vanno dall'1 al 3% (Masri *et al.*, 1969; Polan *et al.*, 1974).

Esiste tuttavia un'elevata variabilità dovuta al metabolismo, alla specie, alla razza ed a fattori individuali: nella vacca, ad esempio, il passaggio da aflatossina B_1 ad M_1 può variare dallo 0,13% al 3%, fino a raggiungere, in certi casi, punte massime del 6%.

Una regola empirica, in verità, vuole che la quantità di aflatossine nel latte sia circa l'1,7% della concentrazione di aflatossine nella razione totale di sostanza secca, anche se attualmente rimane validata l'equazione proposta da Vendelman *et al.* (1992):

$$\text{AFM1 (ng/kg latte)} = 1,9 \times \text{AFB1}(\mu g/capo/die) + 1,9$$

dalla quale si può dedurre che l'ingestione media di AFB1 deve essere inferiore a 40 µg/capo/die se si vuole produrre latte con una concentrazione di AFM1 inferiore a 50 ng/kg, livello massimo ammesso dalla vigente legislazione.

1.6 Limiti di legge

Al fine di salvaguardare la salute dei consumatori e gli interessi economici dei produttori e dei commercianti, numerosi Paesi hanno sentito la necessità di imporre dei limiti massimi ammissibili per le micotossine più a rischio per le derrate alimentari. Tale regolamentazione è particolarmente sentita nei Paesi industrializzati.

La scelta di questi limiti di tolleranza dipende da diversi fattori: dalla disponibilità di dati tossicologici e di diffusione delle micotossine nei diversi prodotti; dalla disponibilità di metodi analitici adeguati; dall'omogeneità di distribuzione delle tossine in una partita; dalla legislazione vigente nei Paesi interessati all'interscambio di derrate (Cabras, 2004).

La legislazione italiana, recependo regolamenti e direttive europee, stabilisce dei tenori massimi ammissibili, sia negli alimenti ad uso umano diretto, come il latte, sia nei mangimi destinati all'alimentazione animale.

Con particolare riferimento alle aflatossine, a livello comunitario, il *Regolamento (CE) n. 1881/2006*, recentemente modificato dal *Regolamento (UE) n. 165/2010*, ha fissato limiti massimi tollerabili, riportati in tabella 5, per l'aflatossina B_1, per le aflatossine totali ($B_1+B_2+G_1+G_2$) e per l'aflatossina M_1 in prodotti alimentari quali cereali, frutta secca, spezie, prodotti per l'infanzia e latte.

Messa in evidenza la differenza tra i prodotti alimentari destinati all'uso umano, che richiedono trattamenti fisici per la riduzione del tenore di aflatossina prima del consumo, rispetto a quei prodotti alimentari già pronti per il consumo, i due regolamenti vietano l'uso di agenti chimici per la decontaminazione e la possibilità di miscelare partite conformi a quelle non conformi.

Il Reg. (CE) n. 1881/2006 modifica i tenori massimi di alcuni contaminanti stabiliti nell'antecedente Reg. (CE) n. 466/2001, in funzione di nuove informazioni e nuovi sviluppi nel Codex Alimentarius (*www.codexalimentarius.org*); si stabilisce inoltre che le Autorità competenti applichino in tutta la Comunità gli stessi criteri di campionamento e di esecuzione delle analisi; si conferma il potere cancerogeno genotossico delle aflatossine stabilendo la necessità di limitarne il contenuto complessivo negli alimenti e soprattutto della B$_1$, riconosciuta come la più tossica; si stabilisce inoltre la riduzione del tenore massimo di aflatossina M$_1$ negli alimenti destinati a lattanti e bambini.

Specifiche disposizioni riguardano, infine, le arachidi, la frutta a guscio, la frutta secca ed il granoturco, circa la commercializzazione dei non conformi, che, non destinati al consumo umano, possono essere sottoposti a trattamenti fisici per abbassarne il tenore e devono recare un'etichetta che indichi la destinazione d'uso.

Il Reg. (UE) n. 165/2010 a sua volta modifica il Reg. (CE) n. 1881/2006 nel rispetto delle nuove informazioni e dei nuovi pareri scientifici.

L'EFSA, infatti, su commissione della Comunità europea, avvalendosi del gruppo scientifico, che si occupa di contaminanti nella catena alimentare (gruppo CONTAM) approva un eventuale innalzamento dei tenori massimi delle aflatossine contenute nella frutta in guscio e prodotti derivati.

Secondo le dichiarazioni EFSA di gennaio 2007 prima e giugno 2009 poi, (*http://www.efsa.europa.eu/it/efsajournal/pub/446.htm*), (*http://www.efsa.europa. eu/it/efsajournal/pub/1168.htm*) il gruppo di esperti assicura che l'innalzamento da 4 μg/kg a 8 o a 10 μg/kg di aflatossine totali nelle mandorle, nelle nocciole e nei pistacchi non comporterebbe effetti negativi per la salute pubblica.

Lo scopo è quello di favorire gli scambi commerciali in tutto il mondo.

Altra disposizione del regolamento riguarda i semi oleosi e prodotti derivati: si ritiene possibile abbassare i limiti massimi grazie agli effetti che su questi hanno i vari processi di produzione di oli vegetali raffinati.

Infine, ultima revisione interessa i cereali: per tutti i cereali e tutti i prodotti derivati dai cereali è stato stabilito un tenore massimo di 2 μg/kg di aflatossina B$_1$ e di 4 μg/kg di aflatossine totali. Fa eccezione il granturco da sottoporre a cernita o trattamenti fisici prima del consumo umano, per il quale è stato definito un tenore massimo di 5 μg/kg di aflatossina B$_1$ e di 10 μg/kg di aflatossine totali.

Nelle tabelle sottostanti (tabella 5 e 6) sono stati riportati gli allegati dei Regolamenti 1881/2006 e 165/2010 in cui sono espressi i valori di aflatossine ammessi nei prodotti alimentari destinati all'alimentazione umana.

Tab.5: Tabella estrapolata dall'allegato (*parte 2: Micotossine*) del Regolamento (CE) n. 1881/2006, in cui sono riportati i limiti di legge consentiti su prodotti destinati al consumo umano.

Regolamento (CE) n. 1881/2006

	Prodotti alimentari	Tenori massimi (µg/kg)		
2.1	**Aflatossine**	B_1	Somma di B_1, B_2, G_1 e G_2	M_1
2.1.1	Arachidi da sottoporre a cernita o ad altro trattamento fisico prima del consumo umano o dell'impiego come ingredienti di prodotti alimentari	8,0 (⁵)	15,0 (⁵)	—
2.1.2	Frutta a guscio da sottoporre a cernita o ad altro trattamento fisico prima del consumo umano o dell'impiego quale ingrediente di prodotti alimentari	5,0 (⁵)	10,0 (⁵)	—
2.1.3	Arachidi, frutta a guscio e relativi prodotti di trasformazione, destinati al consumo umano diretto o all'impiego quali ingredienti di prodotti alimentari	2,0 (⁵)	4,0 (⁵)	—
2.1.4	Frutta secca da sottoporre a cernita o ad altro trattamento fisico prima del consumo umano o dell'impiego quale ingrediente di prodotti alimentari	5,0	10,0	—
2.1.5	Frutta secca e relativi prodotti di trasformazione, destinati al consumo umano diretto o all'impiego quali ingredienti di prodotti alimentari	2,0	4,0	—
2.1.6	Tutti i cereali e loro prodotti derivati, compresi i prodotti trasformati a base di cereali, eccetto i prodotti alimentari di cui ai punti 2.1.7, 2.1.10 e 2.1.12	2,0	4,0	—
2.1.7	Granturco da sottoporre a cernita o ad altro trattamento fisico prima del consumo umano o dell'impiego quale ingrediente di prodotti alimentari	5,0	10,0	—
2.1.8	Latte crudo (⁶), latte trattato termicamente e latte destinato alla fabbricazione di prodotti a base di latte	—	—	0,050
2.1.9	Le seguenti specie di spezie: Capsicum spp. (frutti secchi dello stesso, interi o macinati, compresi peperoncini rossi, peperoncino rosso in polvere, pepe di Caienna e paprika) Piper spp. (frutti dello stesso, compreso il pepe bianco e nero) Myristica fragrans (noce moscata) Zingiber officinale (zenzero) Curcuma longa (curcuma)	5,0	10,0	—
2.1.10	Alimenti a base di cereali e altri alimenti destinati ai lattanti e ai bambini (³) (⁷)	0,10	—	—
2.1.11	Alimenti per lattanti e alimenti di proseguimento, compresi il latte per lattanti e il latte di proseguimento (⁴) (⁸)	—	—	0,025
2.1.12	Alimenti dietetici a fini medici speciali (⁹) (¹⁰), destinati specificatamente ai lattanti	0,10	—	0,025

Tab.6: Tabella estrapolata dall'allegato del Regolamento (UE) n. 165/2010, in cui sono evidenziate le modifiche/integrazioni apportate al vecchio Regolamento.

Regolamento (UE) n. 165/2010

	Prodotti alimentari	Tenori massimi (μg/kg)		
›2.1.	**Aflatossine**	B_1	Somma di B_1, B_2, G_1 e G_2	M_1
2.1.1.	Arachidi e altri semi oleosi ([40]) da sottoporre a cernita o ad altro trattamento fisico prima del consumo umano o dell'impiego quali ingredienti di prodotti alimentari ad eccezione: — delle arachidi e degli altri semi oleosi da sottoporre a pressatura per la produzione di oli vegetali raffinati	8,0 ([5])	15,0 ([5])	—
2.1.2.	Mandorle, pistacchi e semi di albicocca da sottoporre a cernita o ad altro trattamento fisico prima del consumo umano o dell'impiego quali ingredienti di prodotti alimentari	12,0 ([5])	15,0 ([5])	—
2.1.3.	Nocciole e noci del Brasile da sottoporre a cernita o ad altro trattamento fisico prima del consumo umano o dell'impiego quali ingredienti di prodotti alimentari	8,0 ([5])	15,0 ([5])	—
2.1.4.	Frutta a guscio, diversa dalla frutta a guscio di cui ai punti 2.1.2 e 2.1.3, da sottoporre a cernita o ad altro trattamento fisico prima del consumo umano o dell'impiego quale ingrediente di prodotti alimentari	5,0 ([5])	10,0 ([5])	—
2.1.5.	Arachidi e altri semi oleosi ([40]) e relativi prodotti di trasformazione, destinati al consumo umano diretto o all'impiego quali ingredienti di prodotti alimentari, ad eccezione: — degli oli vegetali crudi destinati alla raffinazione — degli oli vegetali raffinati	2,0 ([5])	4,0 ([5])	—
2.1.6.	Mandorle, pistacchi e semi di albicocca destinati al consumo umano diretto o all'impiego quali ingredienti di prodotti alimentari ([41])	8,0 ([5])	10,0 ([5])	—
2.1.7.	Nocciole e noci del Brasile destinate al consumo umano diretto o all'impiego quali ingredienti di prodotti alimentari ([41])	5,0 ([5])	10,0 ([5])	—
2.1.8.	Frutta a guscio, diversa dalla frutta a guscio di cui ai punti 2.1.6 e 2.1.7, e relativi prodotti di trasformazione, destinati al consumo umano diretto o all'impiego quali ingredienti di prodotti alimentari	2,0 ([5])	4,0 ([5])	—
2.1.9.	Frutta secca da sottoporre a cernita o ad altro trattamento fisico prima del consumo umano o dell'impiego quale ingrediente di prodotti alimentari	5,0	10,0	—
2.1.10.	Frutta secca e relativi prodotti di trasformazione, destinati al consumo umano diretto o all'impiego quali ingredienti di prodotti alimentari	2,0	4,0	—
2.1.11.	Tutti i cereali e loro prodotti derivati, compresi i prodotti trasformati a base di cereali, eccetto i prodotti alimentari di cui ai punti 2.1.12, 2.1.15 e 2.1.17	2,0	4,0	—

Segue nella pagina successiva

A seguire dalla pagina precedente

	Prodotti alimentari	Tenori massimi (µg/kg)		
2.1.12.	Granturco e riso da sottoporre a cernita o ad altro trattamento fisico prima del consumo umano o dell'impiego quali ingredienti di prodotti alimentari	5,0	10,0	—
2.1.13.	Latte crudo (⁵), latte trattato termicamente e latte destinato alla fabbricazione di prodotti a base di latte	—	—	0,050
2.1.14.	Le seguenti specie di spezie: *Capsicum* spp. (frutti secchi dello stesso, interi o macinati, compresi peperoncini rossi, peperoncino rosso in polvere, pepe di Caienna e paprica) *Piper* spp. (frutti dello stesso, compreso il pepe bianco e nero) *Myristica fragrans* (noce moscata) *Zingiber officinale* (zenzero) *Curcuma longa* (curcuma) Miscele di spezie contenenti una o più delle suddette spezie	5,0	10,0	—
2.1.15.	Alimenti a base di cereali e altri alimenti destinati ai lattanti e ai bambini (³) (⁷)	0,10	—	—
2.1.16.	Alimenti per lattanti e alimenti di proseguimento, compresi il latte per lattanti e il latte di proseguimento (⁴) (⁸)	—	—	0,025
2.1.17.	Alimenti dietetici a fini medici speciali (⁹) (¹⁰) destinati specificamente ai lattanti	0,10	—	0,025»

Riguardo il settore zootecnico, invece, il *Regolamento (UE) n. 574/2011* ha recentemente modificato la *Direttiva comunitaria 2002/32* sulle sostanze indesiderabili nei mangimi, fissando limiti massimi tollerabili per la sola aflatossina B₁ in varie tipologie di mangimi, così come riportati nella tabella 7.

Nella Direttiva vengono, innanzitutto, esplicitati i concetti di mangime e sostanze indesiderabili, intendendo come "mangimi", quei *"prodotti di origine vegetale o animale, allo stato naturale, freschi o conservati, nonché i derivati della trasformazione industriale, come pure le sostanze organiche o inorganiche, semplici o in miscela, comprendenti o no additivi, destinati all'alimentazione degli animali per via orale"*, e come "sostanze indesiderabili", *"qualsiasi sostanza o prodotto , ad eccezione dei microrganismi patogeni, che sia presente nel e/o sul prodotto destinato all'alimentazione degli animali e costituisca un pericolo potenziale per la salute animale o umana, o l'ambiente, o che potrebbe influire sfavorevolmente sull'allevamento"*.

La Direttiva, poi, riprende i principi relativi all'importanza della qualità della produzione animale facendo esplicito riferimento alla regolamentazione dell'alimentazione, nonché l'igiene per garantire mangimi salubri e sicuri.

Tenendo però presente che è impossibile escludere totalmente la presenza di sostanze indesiderabili nei prodotti destinati all'alimentazione animale, con dovuto riguardo alla tossicità acuta, bioaccumulabilità e degradabilità della sostanza, impone determinati limiti ammissibili, nel rispetto del principio del «livello più basso ragionevolmente conseguibile».

Punto fondamentale della Direttiva riguarda l'impossibilità di mescolare, allo scopo di diluire, mangimi contenenti sostanze indesiderate con altri prodotti destinati all'alimentazione animale.

Per garantire tutto ciò richiede, inoltre, che gli Stati membri prevedano adeguate disposizioni di controllo.

L'attuazione della Direttiva 2002/32/CE oltre le Direttive 2001/102/CE, 2003/57/CE e 2003/100/CE, relative alle sostanze ed ai prodotti indesiderabili nell'alimentazione degli animali, è affidata e regolamentata dal *Decreto Legislativo n. 149/2004.*

Con il successivo *Regolamento (UE) n. 574/2011*, la Direttiva 2002/32 viene modificata in merito alla revisione dei limiti ammissibili circa alcune sostanze presenti nei mangimi.

L'attenzione, allora, cade sul nitrito, riscontrato nei prodotti e sottoprodotti della barbabietola e canna da zucchero, oltre che sull'inefficienza dei metodi analitici per la sua determinazione; sulla melammina, che, secondo i risultati dell'EFSA, causa danni all'apparato urinario di animali e bambini, se esposti a tale sostanza; sull'*Ambrosia spp.*, ovvero una pianta infestante, i cui semi possono contaminare i mangimi per uccelli ed il suo polline determinare serie allergie, oltre che rinocongiuntiviti ed asma, nell'uomo; sui coccidiostatici ed istomonostatici, sostanze medicamentose di sintesi o naturali (ionofori), per la profilassi della coccidiosi, causa del processo *carry over inevitabile* o *contaminazione crociata*.

In pratica, durante il trasferimento da un lotto di produzione all'altro può avvenire la contaminazione di mangimi prodotti successivamente, a causa della presenza di tracce inevitabili di queste sostanze in mangimi per cui i coccidiostatici e gli istomonostatici non sono autorizzati. I tenori massimi sono stabiliti in base al principio del «livello più basso ragionevolmente conseguibile».

Sulle aflatossine il Reg. (UE) n. 574/2011 consolida semplicemente i tenori di aflatossina B_1 riportati nella Direttiva 2002/32/CE, Allegato I, punto 7 (tabella 7).

A tal riguardo, nel 2004, la Commissione europea ha chiesto all'EFSA di stabilire i livelli di esposizione dell'aflatossina B_1 per gli animali da latte, in particolare i bovini, oltre i quali il passaggio dal mangime al latte comporterebbe livelli inaccettabili di aflatossina M_1. Il gruppo di esperti scientifici CONTAM ha concluso che i vigenti livelli massimi di aflatossina B_1 nei mangimi rappresentano non solo una protezione adeguata dagli effetti nocivi per la salute nelle specie animali bersaglio, ma prevengono altresì concentrazioni indesiderabili del metabolita aflatossina M_1 nel latte.

(*www.efsa.europa.eu/it/topics/topic/aflatoxins.htm*).

Nella tabella 8 sono riportati i limiti massimi di aflatossine nei mangimi per alimentazione animale.

Rispetto alla Direttiva 2002/32/CE le diverse tipologie di mangime sono state ridotte a poche ma essenziali voci.

Tab.7: Tabella estrapolata dall'Allegato I, punto 7 della Direttiva comunitaria 2002/32.

Direttiva 2002/32/CE

7. Aflatossina B₁	Materie prime per mangimi, ad eccezione di:	0.05
	— arachidi, copra, palmisti, semi di cotone, babassu, granturco e loro derivati	0.02
	Mangimi completi per bovini, ovini e caprini, ad eccezione di:	0.05
	— animali da latte	0.005
	— vitelli, agnelli e capretti	0.01
	Mangimi completi per suini e pollame (salvo animali giovani)	0.02
	Altri mangimi completi	0.01
	Mangimi complementari per bovini, ovini e caprini (ad eccezione dei mangimi complementari per gli animali da latte, vitelli, agnelli e capretti)	0.05
	Mangimi complementari per suini e pollame (salvo animali giovani)	0.03
	Altri mangimi complementari	0.005

Tab.8: Tabella estrapolata dal Regolamento 574/2011, Sezione II, punto 1.

Regolamento (UE) n. 574/2011

Sostanza indesiderabile	Prodotti destinati all'alimentazione degli animali	Contenuto massimo in mg/kg (ppm) di mangime con un tasso di umidità del 12 %
1. Aflatossina B₁	Materie prime per mangimi	0.02
	Mangimi complementari e completi	0.01
	ad eccezione di:	
	— mangimi composti per bovini da latte e vitelli, ovini da latte ed agnelli, caprini da latte e capretti, suinetti e pollame giovane	0.005
	— mangimi composti per bovini (eccetto bovini da latte e vitelli), ovini (eccetto ovini da latte ed agnelli), caprini (eccetto caprini da latte e capretti), suini (eccetto suinetti) e pollame (eccetto pollame giovane)	0.02

1.6.1 Limiti a confronto Europa/USA

In Europa, il principio guida è quello di tutelare al massimo la salute pubblica individuando sia livelli massimi tollerabili, tecnologicamente raggiungibili, sia valori basati sull'adozione del principio di precauzione. Osservando la tabella 9 scorgiamo differenze significative riguardo i limiti ammessi negli Stati Uniti: notiamo con sorpresa che il limite massimo dell'aflatossina M_1 nel latte, è maggiore di 10 volte rispetto a quello comunitario (0,5 µg/kg *vs* 0,05 µg/kg); stesse sostanziali differenze riguardano tutti gli altri valori (es. mangimi per bovini in finissaggio: 20 µg/kg vs 300 µg/kg).

Negli Stati Uniti, intorno agli anni '60 i limiti massimi tollerabili per i mangimi erano coincidenti con quelli attualmente vigenti in Europa, ma nel corso dei successivi vent'anni sono stati introdotti cambiamenti rilevanti, tali da ammettere notevoli aumenti del limite (*www.iss.it/binary/efsa/cont/Aflatossine_Brera.pdf*).

Secondo quanto ufficialmente comunicato dal U.S. FDA (Food and Drug Administration), studi sull'alimentazione animale, condotti nel decennio '70-'80, hanno dimostrato che livelli di aflatossine superiori ai 20ppb nei mangimi per

Tab.9: Nella tabella sono messi a confronto i limiti di legge, relativi ai tenori di aflatossine consentiti nei mangimi, negli Stati Uniti ed in Europa. I valori sono stati estrapolati dal sito (*http://www.fda.gov/ICECI/ComplianceManuals/CompliancePolicyGuidanceManual/ucm074703.htm* - U.S. Food and Drug Administration).

Prodotto	Europa (ppb*)	USA (ppb*)
Latte	0,05 (M_1)	0,5 (M_1)
Mangimi per zootecnia da latte	5	20
Mangimi per animali giovani	10	20
Mangimi per zootecnia da carne	20	100
Mangimi per suini in finissaggio	20	200
Mangimi per bovini in finissaggio	20	300

*: ppb (parti per bilione), corrisponde esattamente a µg/kg.

47

alimentazione animale, non costituiscono un danno né per l'animale né per il consumatore. Sulla base, poi, di nuove indagini scientifiche, la stessa Agenzia stabilisce un limite di 300ppb per i semi di cotone impiegati in alimentazione zootecnica per bovini, suini ed avicoli, e per il mais e le arachidi impiegati nei mangimi per finissaggio (*www.fda.gov/ICECI/ComplianceManuals/CompliancePo licyGuidanceManual/ucm074703.htm*).

Tutto ciò si potrebbe spiegare ammettendo che negli Stati Uniti, probabilmente, il principio guida è stato quello di stabilire dei livelli tollerabili basati su una valutazione squisitamente commerciale e pragmatica senza però introdurre fattori di rischio per il consumatore o le specie animali.

1.7 Le aflatossine nell'alimentazione animale

In alimentazione animale, genericamente gli alimenti vengono suddivisi in: mangimi, foraggi, prodotti complementari e sottoprodotti.

Tra questi, i mangimi formano sicuramente un importante gruppo, ed altrettanto dicasi per foraggi e prodotti complementari, ma di non trascurabile importanza sono anche i sottoprodotti.

Si tratta di residui vegetali delle lavorazioni agro-industriali, che rivestono notevole importanza, in quanto presentano, oltre un buon apporto in fibra, anche importanti caratteristiche chimico-nutrizionali (Bittante *et al.*, 1990).

Di particolare interesse zootecnico sono la sansa di oliva, il pastazzo di agrumi e le pellicole dei pistacchi (sono tutti sottoprodotti che, per la maggior parte, riguardano il settore agro-alimentare tipico siciliano).

Ricerche e studi effettuati mettono in evidenza come questi "scarti" possano essere utilizzati nei mangimi, in parziale sostituzione di alcune materie prime di importazione, come ad esempio il mais e la soia. Il pastazzo ad esempio rappresenta una buona fonte di fibra, mentre la sansa è fonte di fibra ma soprattutto di grassi, insieme alle pellicole di pistacchio.

Purtroppo, però, le buone caratteristiche nutrizionali fanno di queste matrici anche dei potenziali substrati per la crescita fungina; le pellicole di pistacchio, ad esempio, sono quelle che più temono la contaminazione da aflatossine, come conseguenza di una possibile infestazione a carico del frutto.

Ma l'alimentazione animale è principalmente basata sui mangimi, in quanto caratterizzati da un elevato contenuto di principi nutritivi digeribili, da una ridotta presenza di frazioni fibrose e da un valore nutritivo mediamente più alto rispetto ai foraggi.

Principali costituenti della dieta dei monogastrici e fonte di apporto energetico e proteico per i ruminanti, la maggior parte dei mangimi viene commercializzata sotto forma di miscele: mangimi integrati, come abbiamo visto o mangimi composti semplici. Nei mangimi, tra le materie prime impiegate, hanno particolare predominanza i cereali (frumento, orzo, avena, mais e sorgo) e poi i semi di leguminose (farina di estrazione), favino, pisello proteico, veccia, lupino, etc.; questi ultimi con la funzione di aumentare il tenore in proteine (Savoini e Bernuzzi, 2002).

La netta predominanza di cereali, però, pone il problema del rischio di eventuale contaminazione da aflatossine: mais (granella, farina, fiocchi) ed i sottoprodotti derivati (semola glutinata, germe, ecc.) sono i principali responsabili dell'arrivo in stalla delle aflatossine.

Fatta esclusione per il frumento, di storica importanza, il mais (*Zea mays*) è una coltura importante per l'Italia, soprattutto per l'area nord, in cui si concentra l'89% dell'area coltivata. La coltura è destinata in gran parte all'uso zootecnico, ma entra anche negli alimenti per l'uomo (Battilani *et al.*, 2006).

La maiscoltura deve il suo sviluppo a tecniche di coltivazione ormai ben consolidate; non vi sono particolari problemi dovuti a patogeni e tra gli insetti, solo la piralide (*Ostrinia nubilalis*) è sottoposta a controlli chimici, ma solo in determinate aree (Battilani *et al.*, 2006).

Nonostante ciò, oggi il mais è al centro delle questioni relative alle aflatossine e questo perché i rischi cui è soggetta questa pianta dipendono da diversi fattori, primo fra tutti, la stagionalità (periodo primaverile-estivo): periodi caldi, se accompagnati da siccità e carenza di nutrienti nel terreno, mettono sotto stress la pianta, favorendo lo sviluppo delle muffe tossigene.

Secondo, poi, il ritardo nella raccolta: pur rappresentando un espediente per ottenere una granella meno umida e contenere i costi di essiccazione, si traduce semplicemente in un prolungato periodo di maturazione, ovvero un'altra condizione favorevole allo sviluppo delle muffe (Reyneri *et al.*, 2004).

Da ricordare, poi, gli effetti causati dalla piralide ed i danni meccanici dovuti al trasporto ed allo stoccaggio (la granella spezzata o rosicchiata favorisce l'insediamento delle muffe), oltre il rischio che deriva dalle tecniche di conservazione del prodotto.

In tal caso, si prenda ad esempio l'insilamento: anche se i bassi valori di pH dovrebbero scongiurare il pericolo di contaminazione, bisogna pensare a quali concentrazioni pericolose si sviluppano nelle trincee di silomais, considerando le dosi con cui generalmente l'insilato si inserisce nella razione. Nel 1994 Ballarini studia delle micotossine tremorgeniche, che colpiscono la bovina da latte, legate proprio al deterioramento degli insilati usati in alimentazione: gli effetti si manifestano con tremori, convulsioni e, in alcuni casi, aborti e ritenzione placentare.

Infine, va sottovalutata la pulizia dei silos: le croste che si formano in seguito a condensa o difetti di svuotamento sono formidabili serbatoi di tossine (Peterlini, 2007).

Tutti questi, sono dei fattori che, di certo, influisco negativamente sulla pianta, ma quello più imprevedibile ed incontrollabile cui il mais mostra particolare suscettibilità è il clima (Paterson e Lima 2011).

1.8 Influenza delle condizioni climatiche

Le eccezionali condizioni climatiche della scorsa estate hanno avuto conseguenze severe sulla qualità dei raccolti di mais in molti importanti areali di coltivazione (Baccarini e Villani, 2013).

La primavera è stata caratterizzata da scarse precipitazioni e inizi di siccità, mentre l'estate 2012 è da annoverare tra quelle più difficili degli ultimi decenni dal punto di vista agronomico (Ciaccia *et al.*, 2013).

Addirittura secondo l'Organizzazione Meteorologica Mondiale nel suo consueto report annuale, il 2012 si è rivelato, su scala planetaria, l'anno dei fenomeni meteo estremi.

Facendo un confronto con gli anni passati dal 2008 al 2012, (grafico 1), in questi ultimi 12 mesi si assiste ad una vera e propria impennata delle temperature.

In un contesto del genere, l'agricoltura registra una significativa caduta produttiva: c'è un calo nella produzione dei cereali (-2,8 per cento), quasi tutto da ascrivere alla siccità estiva, che coinvolge particolarmente il mais (-18,7 per cento), a cui si associa anche una flessione dei prezzi.

Questo anomalo andamento climatico è esteso su scala europea, dove si registra una contrazione della produzione pari al -3,0 per cento; i cali produttivi interessano la Spagna, la Francia, l'Ungheria e la Romania (Ciaccia *et al.*, 2013).

In Italia tutto ciò ha assunto un andamento deludente in termini di rese medie per ettaro per molte produzioni tradizionali.

Riportando quanto pubblicato sul sito ISTAT (tabelle 10-11-12) relativamente alla produzione di mais nell'arco degli ultimi anni (2011, 2012 e 2013), appare evidente che c'è stato un calo significativo.

Il nostro Paese perde così uno dei suoi primati (la produzione di mais), concentrata in Lombardia, Piemonte, Veneto, Friuli Venezia Giulia ed Emilia Romagna con un calo della produzione a fronte di una domanda rimasta stabile.

Tra le cause di queste perdite e come conseguenza dell'avversa situazione climatica, sono risultate penalizzanti le fitopatie (aflatossine/micotossine), oltre l'aggravarsi delle infestazioni di parassiti, che hanno danneggiato e originato una cattiva qualità del prodotto (Ciaccia *et al.*, 2013).

La stretta correlazione tra condizioni climatiche e diffusione delle aflatossine (Kos *et al.*, 2013) è stato già oggetto di studio da parte dell'EFSA, che nel 2009 pubblica un invito a presentare proposte per studiare il potenziale aumento di aflatossina B_1 nei cereali nell'UE come conseguenza dei cambiamenti climatici.

Questo progetto, coordinato dall'unità Rischi emergenti dell'EFSA, che ha individuato questa problematica come possibile area di preoccupazione, si prefigge lo scopo di raccogliere e analizzare dati sull'aflatossina B_1, al fine di elaborare modelli predittivi, definire situazioni possibili e creare mappe che delineino la potenziale contaminazione futura delle colture di cereali, basandosi su diversi scenari di cambiamenti climatici.

(http://www.efsa.europa.eu/it/press/news/contam090710.htm)

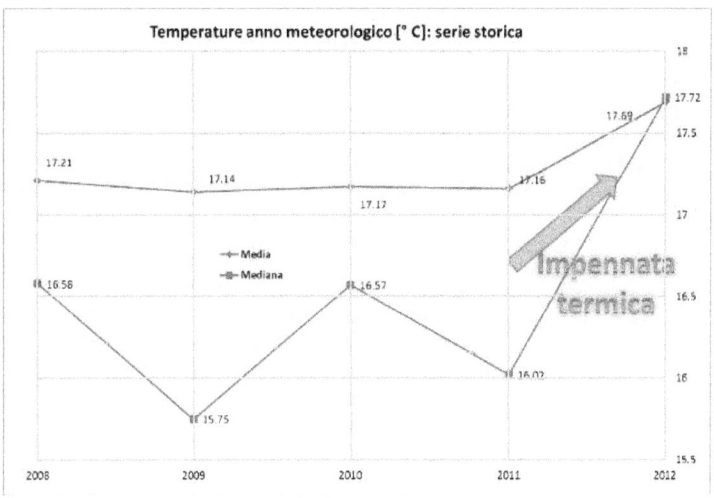

Graf.1: Serie storica delle temperature medie. (*www.supermeteo.com/anno-meteorologico-2012.php*).

53

Tab.10: Superficie (ettari) e produzione (quintali): riso, mais, sorgo, altri cereali. **Anno 2011**.

Regioni	Riso Superficie	Produzione totale	Produzione raccolta	Metodo	Mais Superficie	Produzione totale	Produzione raccolta	Metodo	Sorgo Superficie	Produzione totale	Produzione raccolta	Metodo	Altri cereali Superficie	Produzione totale	Produzione raccolta	Metodo
Piemonte	121.900	7.886.390	7.886.390	t	192.125	14.923.950	14.918.014	t	653	31.530	31.530	t	2.142	83.848	83.843	t
Valle d'Aosta/Vallée d'Aoste	-	-	-	-	19	1.200	1.200	t	-	-	-	-	-	-	-	-
Lombardia	105.708	6.420.750	6.420.750	t	242.436	28.800.034	28.799.954	t	3.243	223.350	223.350	t	6.536	282.772	282.772	t
Liguria	-	-	-	-	235	10.280	10.280	t	2	70	70	t	-	-	-	-
Trentino-Alto Adige	-	-	-	-	340	11.895	11.893	t	-	-	-	-	36	1.140	1.110	t
Bolzano/Bozen	-	-	-	-	3	195	193	r	-	-	-	-	30	1.050	1.020	r
Trento	-	-	-	-	337	11.700	11.700	r	-	-	-	-	6	90	90	r
Veneto	4.560	302.850	302.850	t	246.177	25.160.172	24.969.538	t	766	47.890	46.660	t	30	1.600	1.500	t
Friuli-Venezia Giulia	10	340	340	t	91.404	8.102.316	8.063.780	t	181	7.566	7.566	t	30	900	900	t
Emilia-Romagna	9.964	645.030	645.030	t	121.716	13.306.768	13.306.768	t	28.444	2.348.048	2.348.048	t	2.540	104.291	104.291	t
Toscana	280	24.040	24.040	t	19.523	1.535.170	1.506.045	t	2.532	93.422	88.820	t	1.977	52.795	51.810	t
Umbria	-	-	-	-	13.699	1.261.379	1.261.379	t	713	27.556	27.556	t	660	19.585	19.585	t
Marche	-	-	-	-	7.099	480.925	477.665	t	3.324	137.628	137.276	t	2.119	62.528	62.513	t
Lazio	26	-	-	t	26.565	1.996.116	1.937.684	t	302	9.969	9.283	t	91	3.068	2.985	t
Abruzzo	-	-	-	-	7.595	647.925	618.933	t	915	40.335	40.124	t	182	6.695	6.676	t
Molise	-	-	-	-	1.785	54.502	54.502	t	283	3.752	3.752	t	70	1.938	1.938	t
Campania	-	-	-	-	17.017	1.203.719	1.195.289	t	39	1.170	1.150	t	-	-	-	-
Puglia	-	-	-	-	885	57.175	54.990	t	135	4.000	3.800	t	209	5.077	4.918	t
Basilicata	-	-	-	-	920	41.200	41.200	t	50	1.750	1.750	t	70	2.450	2.450	t
Calabria	565	25.290	25.290	t	3.752	197.696	194.096	t	622	24.558	24.472	t	269	9.700	9.700	t
Sicilia	-	-	-	-	466	34.260	32.710	t	69	1.404	1.333	t	4.660	135.138	124.968	t
Sardegna	3.524	253.640	253.640	t	1.015	67.913	67.814	t	62	2.078	2.078	t	-	-	-	-
ITALIA	**246.537**	**15.558.330**	**15.558.330**	**t**	**994.773**	**97.894.595**	**97.523.734**	**t**	**42.335**	**3.006.076**	**2.998.618**	**t**	**21.621**	**773.525**	**761.859**	**t**

Fonte: Istat, stima delle superfici e produzioni delle coltivazioni agrarie Ente Nazionale Risi, per i dati riguardanti il riso

Tab.11: Superficie (ettari) e produzione (quintali): riso, mais, sorgo, altri cereali. **Anno 2012.**

Regioni	Riso (a)				Mais (b)				Sorgo (c)				Altri cereali (c)			
	Superficie	Produzione totale	Produzione raccolta	Metodo (d)	Superficie	Produzione totale	Produzione raccolta	Metodo	Superficie	Produzione totale	Produzione raccolta	Metodo	Superficie	Produzione totale	Produzione raccolta	Metodo
Piemonte	-	-	-	-	192.922	18.411.265	18.411.265	i	1.103	31.197	31.197	t	3.050	83.433	83.433	t
Valle d'Aosta/Vallée d'Aoste	-	-	-	-	20	1.200	1.200	t	-	-	-	-	-	-	-	-
Lombardia	-	-	-	-	214.759	22.631.886	22.631.826	t	2.781	186.457	186.457	t	3.348	145.975	145.975	t
Liguria	-	-	-	-	180	8.760	8.560	t	4	140	140	t	-	-	-	t
Trentino-Alto Adige	-	-	-	-	342	9.825	9.815	t	-	-	-	-	41	1.315	1.280	t
Bolzano/Bozen	-	-	-	-	5	325	315	r	-	-	-	-	35	1.225	1.190	r
Trento	-	-	-	-	337	9.500	9.500	r	-	-	-	-	6	90	90	r
Veneto	-	-	-	-	269.686	16.448.991	16.155.414	t	551	32.595	31.559	t	38	1.824	1.789	t
Friuli-Venezia Giulia	-	-	-	-	91.638	8.283.254	8.283.254	t	293	6.238	6.238	t	28	775	775	t
Emilia-Romagna	-	-	-	-	113.640	7.314.268	7.314.268	t	23.054	979.798	979.798	t	2.627	115.712	115.712	t
Toscana	-	-	-	-	17.284	1.236.390	1.208.740	t	3.251	117.970	115.640	t	2.328	63.830	62.675	t
Umbria	-	-	-	-	13.615	994.037	994.037	t	513	17.974	17.974	t	680	20.500	20.500	t
Marche	-	-	-	-	7.780	430.270	426.070	t	3.215	128.452	128.105	t	1.620	35.457	35.437	t
Lazio	-	-	-	-	18.300	1.218.500	1.189.300	t	365	6.000	5.620	t	112	5.070	4.860	t
Abruzzo	-	-	-	-	9.845	652.300	636.259	t	913	39.895	39.001	t	268	7.175	7.158	t
Molise	-	-	-	-	3.050	106.750	106.750	t	250	7.500	7.500	t	50	1.500	1.500	t
Campania	-	-	-	-	16.228	1.126.008	1.114.600	t	45	1.580	1.550	t	-	-	-	t
Puglia	-	-	-	-	815	49.700	47.675	t	95	4.000	3.800	t	330	7.050	6.810	t
Basilicata	-	-	-	-	-	-	-	t	50	1.750	1.750	t	70	2.450	2.450	t
Calabria	-	-	-	-	4.330	206.633	196.983	t	488	19.236	19.140	t	2.765	76.395	72.945	t
Sicilia	-	-	-	-	509	31.212	29.752	t	72	1.175	1.110	t	4.664	135.210	124.915	t
Sardegna	-	-	-	-	1.615	120.909	120.909	t	56	1.497	1.497	t	-	-	-	-
ITALIA	-	-	-	-	**976.558**	**79.282.158**	**78.886.677**	**t**	**37.099**	**1.583.454**	**1.578.076**	**t**	**22.019**	**703.671**	**688.214**	**t**

Fonte: __stat, stima delle superfici e produzioni delle coltivazioni agrarie Ente Nazionale Risi, per i dati riguardanti il riso

Tab.12: Superficie (ettari) e produzione (quintali): riso, mais, sorgo, altri cereali. **Anno 2013.**

Regioni	Riso (a)				Mais (b)				Sorgo (b)				Altri cereali (b)			
	Superficie	Produzione totale	Produzione raccolta	Metodo (c)	Superficie	Produzione totale	Produzione raccolta	Metodo	Superficie	Produzione totale	Produzione raccolta	Metodo	Superficie	Produzione totale	Produzione raccolta	Metodo
Piemonte	-	-	-	-	185.259	11.468.074	11.468.074	t	2.927	74.250	74.250	t	8.757	215.108	215.108	t
Valle d'Aosta/Vallée d'Aoste	-	-	-	-	20	1.500	1.400	t	-	-	-	-	-	-	-	-
Lombardia	-	-	-	-	202.072	17.844.386	17.844.386	t	4.009	248.913	248.913	t	3.471	152.341	152.341	t
Liguria	-	-	-	-	165	8.100	8.100	t	4	140	140	t	-	-	-	-
Trentino-Alto Adige	-	-	-	-	330	9.325	9.315	t	-	-	-	-	40	1.200	1.170	t
Bolzano/Bozen	-	-	-	-	5	325	315	r	-	-	-	-	40	1.200	1.170	r
Trento	-	-	-	-	325	9.000	9.000	r	-	-	-	-	-	-	-	-
Veneto	-	-	-	-	247.927	22.589.383	19.486.851	t	2.025	120.736	115.303	t	156	9.360	9.173	t
Friuli-Venezia Giulia	-	-	-	-	-	-	-	-	-	-	-	-	346	8.060	8.060	t
Emilia-Romagna	-	-	-	-	108.387	9.565.139	9.565.139	t	25.811	1.600.805	1.600.805	t	2.521	114.898	114.499	t
Toscana	-	-	-	-	10.300	273.000	273.000	t	3.802	67.500	67.500	t	40	800	800	t
Umbria	-	-	-	-	13.542	1.280.150	1.280.150	t	552	21.851	21.851	t	673	19.575	19.575	t
Marche	-	-	-	-	7.228	426.584	422.484	t	2.829	111.811	111.561	t	5.197	150.883	150.863	t
Lazio	-	-	-	-	17.600	1.306.000	889.800	t	480	15.050	13.680	t	552	19.872	18.870	t
Abruzzo	-	-	-	-	7.557	635.655	635.655	t	889	39.100	39.100	t	39	940	940	t
Molise	-	-	-	-	3.000	53.400	53.400	t	250	7.500	7.500	t	50	1.500	1.500	t
Campania	-	-	-	-	16.790	1.200.154	1.200.154	t	30	1.140	1.140	t	400	11.500	11.500	t
Puglia	-	-	-	-	945	61.400	56.150	t	100	4.000	3.800	t	1.670	39.960	39.500	t
Basilicata	-	-	-	-	836	90.100	90.100	t	120	4.920	4.920	t	1.439	50.365	50.365	t
Calabria	-	-	-	-	3.977	208.468	200.842	t	341	10.375	10.325	t	2.883	76.350	74.143	t
Sicilia	-	-	-	-	380	3.000	2.400	t	80	-	-	-	5.600	151.050	150.050	t
Sardegna	-	-	-	-	-	-	-	-	-	-	-	-	-	-	-	-
ITALIA	-	-	-	-	**826.315**	**67.023.818**	**63.487.400**	**t**	**44.249**	**2.328.091**	**2.320.988**	**t**	**33.834**	**1.023.762**	**1.018.456**	**t**

Fonte: Istat, stima delle superfici e produzioni delle coltivazioni agrarie.Per Friuli Venezia Giulia,Toscana e Sardegna Fonte Agrit.

1.9 Azioni preventive contro le aflatossine

Hamilton (1984), con lungimiranza, circa 30 anni fa, affermava «There is no safe level for mycotoxins», ed argomentava che i limiti legali danno una falsa sicurezza: solo a livello zero di contaminazione il rischio è zero.

Obiettivamente il rischio zero è una condizione improbabile ed anche le diverse tecniche di riduzione, sostanzialmente, limitano il grado di contaminazione, ma la prevenzione rimane, comunque, la migliore difesa.

Nel 2004 Pietri *et al.* del comitato scientifico AIA (Associazione Italiana Allevatori), mettono a punto importanti linee guida per la prevenzione e valutazione dei punti critici di filiera, in relazione alla contaminazione da aflatossine (*www.aia.it/lsl/download/relazioneaia.pdf*).

Oggi, a fronte delle problematiche legate, tanto alle condizioni climatiche quanto alle continue richieste di revisione dei limiti di legge, il Ministero della Salute, di intesa con il Ministero delle Politiche Agricole, ha elaborato e diffuso, mediante la *Nota 885-P-16/01/2013*, (*www.salute.gov.it*) delle "*procedure operative straordinarie per la prevenzione e la gestione del rischio contaminazione da aflatossine nella filiera lattiero casearia e nella produzione del mais destinato all'alimentazione umana e animale, a seguito di condizioni climatiche estreme*".

Nel Reg. (UE) n. 574/2011, viene già suggerito l'uso di tecniche di pulizia o altro trattamento fisico, per *decontaminare* i prodotti destinati all'alimentazione animale, ma la nota del Ministero propone procedure ed indicazioni operative dettagliate, da applicare a tutte le aziende che raccolgono, stoccano ed essiccano il mais destinato all'alimentazione umana ed animale, definendo i metodi di campionamento, analisi, smaltimento e criteri di identificazione dei lotti.

Ai fini di assoluta prevenzione viene, inoltre, riconosciuto alle puliture un ruolo importante soprattutto perché queste tecniche facilitano il successivo processo di conservazione (Baccarini e Villani, 2013; *www.salute.gov.it*). Questa tecnica favorisce un abbattimento del 50-80% in tenore di aflatossine (Pavesi *et al.*, 2004).

E' ovvio, però, che la prevenzione dovrebbe già avvenire in campo, per cui valgono tutte le buone pratiche agricole che ogni produttore dovrebbe essere portato a rispettare.

L'avvicendamento colturale, l'adeguata preparazione del letto di semina, la scelta varietale, l'epoca di semina, la densità di semina, la riduzione degli stress alle piante, la fase di raccolta, l'intervallo di tempo tra la raccolta e l'essiccazione, il mantenimento delle condizioni di temperatura ed umidità ed infine l'utilizzo di conservanti, contribuiscono a quelle condizioni agronomiche favorevoli per il corretto accrescimento dei prodotto, a danno naturalmente della comparsa e sviluppo di funghi (Mosca, 2006).

Ciò avvalora un noto slogan, secondo cui «Prevenire è meglio che curare!», infatti a tale scopo è consigliabile prevenire la contaminazione piuttosto che adottare in un secondo tempo procedimenti di *detossificazione* (degradazione della tossina) difficili da praticare e sempre molto costosi.

Fanno parte delle tecniche di detossificazione:

- i metodi fisici: calore secco e radiazioni gamma (Iqbal *et al.*, 2013);
- i trattamenti chimici: impiego di acidi, ammoniaca, bisolfito, etere metilico e adsorbenti. Tra questi ricordiamo solo gli alluminosilicati, gli zeoliti, la bentonite ed i polimeri speciali (Huwig *et al.*, 2001). Sono materiali inerti che utilizzati in quantità variabile dallo 0,1 all'1% sulla s.s. legano fortemente le micotossine presenti nei mangimi, riducendone l'assorbimento gastro-intestinale (Dell'Orto e Savoini, 2005);
- i trattamenti biologici: impiego di agenti biotici, come batteri, funghi e piante.

I mangimi sottoposti a trattamento chimico possono dirsi "risanati" e reinseriti nelle diete sono anche accettati dagli animali, ma su questo punto ci sono ancora tante riserve (Scott, 1998), così come poco incoraggianti sono i risultati relativi ai trattamenti biologici (Scott, 1998; Bata, 1999).

1.10 I controlli ufficiali

In materia di igiene della produzione e della commercializzazione degli alimenti, sono in applicazione i regolamenti attuativi previsti dal Reg. n. 178/2002 (*principi e requisiti generali della legislazione alimentare*), in particolare per quanto riguarda gli organi di controllo :

- il *Reg. CE/882/2004* relativo ai controlli ufficiali negli ambiti ricadenti nel Reg. n. 178/2002;
- il *Reg. CE/854/2004* specificamente dedicato al controllo ufficiale degli alimenti di origine animale.

Ai sensi del Reg. CE/882/2004, relativo ai controlli ufficiali su mangimi ed alimenti e del Reg. CE/854/2004, per i controlli ufficiali sui prodotti di origine animale destinati al consumo umano, le Autorità competenti devono garantire che tali controlli siano eseguiti periodicamente, in base ad una valutazione dei rischi e con frequenza appropriata, sulla base di un *piano di controllo pluriennale* stabilito nell'Àrt. 41 dello stesso Reg. 882/2004.

Gli *"strumenti del controllo ufficiale"*, così come definiti dall'Art. 2 sono: monitoraggio, sorveglianza, verifica, ispezione, audit, campionamento ed analisi e tali controlli vengono eseguiti, sulle aziende del settore, in qualsiasi fase della produzione, trasformazione e distribuzione dei mangimi o degli alimenti e degli animali e prodotti di origine animale.

Le Autorità competenti designate sono il Ministero della Salute, le Regioni e Province Autonome e le Aziende Sanitarie Locali, ma i controlli ufficiali possono essere espletati anche da organi di controllo che non facciano parte dell'Autorità competente, a condizione che tali controlli siano delegati e vigilati da parte della stessa Autorità (*www.salute.gov.it/imgs/C_17_pubblicazioni_906_allegato.pdf*).

L'esecuzione dei controlli ufficiali a carico degli organismi di controllo deve soddisfare un certo numero di criteri operativi, perciò è di rilevante importanza disporre di adeguate strutture, attrezzature e disporre di un numero sufficiente di personale qualificato ed esperto in grado di utilizzare tecniche appropriate.

A tal proposito il regolamento prevede che i laboratori che partecipano all'analisi di campioni ufficiali devono operare secondo procedure approvate internazionalmente o a norme di efficienza basate su criteri e usare metodi di analisi che siano stati convalidati nei limiti del possibile.

Le attività dei laboratori di riferimento devono coprire tutti gli ambiti della normativa in materia di mangimi e di alimenti e di salute degli animali, in particolare quelli in cui vi è la necessità di risultati analitici e diagnostici precisi.

1.10.1 Controlli ufficiali: laboratori accreditati

Nell'ambito del controllo ufficiale le Autorità competenti, come già detto, possono delegare compiti specifici ad organismi di controllo, purché tali organismi (laboratori ad esempio) mostrino opportuni e specifici requisiti.

Secondo il Regolamento (CE) n. 882/2004 Art. 12, le Autorità competenti possono designare soltanto i laboratori valutati e accreditati conformemente alle seguenti norme europee:

- EN ISO/IEC 17025 su «*Criteri generali sulla competenza dei laboratori di prova e di taratura*»;
- EN 45002 su «*Criteri generali per la valutazione dei laboratori di prova*»;
- EN ISO IEC 17011 su «*Requisiti generali per gli organismi di accreditamento che accreditano organismi di valutazione della conformità*».

Oltre queste norme, mirate al funzionamento e valutazione dei laboratori, anche le norme ISO e IUPAC in certi casi possono risultare appropriate.

Relativamente alle Norme europee, la UNI CEI EN ISO/IEC 17025:2005 è la norma internazionale, cui si attengono i laboratori accreditati o che seguono l'iter di accreditamento.

Essa specifica i requisiti generali per la competenza dei laboratori ad eseguire campionamenti e prove e/o tarature delle apparecchiature.

Si applica, indipendentemente dal numero di persone o dall'estensione del campo di applicazione delle attività di prova e taratura, e richiede che il laboratorio risponda a determinati requisiti.

Un laboratorio, conforme alla 17025:2005, deve garantire personale direttivo e tecnico con l'autorità e le risorse necessarie per eseguire i compiti attinenti la gestione di un Sistema Qualità; deve garantire la protezione delle informazioni e specificare la responsabilità, l'autorità e le interdipendenze di tutto il personale; deve fornire adeguata supervisione del personale impiegato, compreso quello in addestramento, per mezzo di personale competente; deve individuare un Responsabile della Qualità (RQ), a garanzia che il Sistema Qualità sia attuato e seguito in ogni momento; deve documentare le politiche, le procedure e le istruzioni per assicurare la qualità dei risultati, rendendo la documentazione di sistema disponibile al personale competente; deve prevedere politiche e obiettivi del Sistema Qualità definiti in un *Manuale della Qualità* e tali obiettivi devono essere dichiarati nella *Politica per la Qualità*; deve prevedere procedure per la selezione, acquisto e gestione di servizi, forniture, reagenti e materiali di consumo; deve avere procedure per la risoluzione dei reclami ricevuti dai clienti o da altre parti; deve, infine, eseguire periodicamente e secondo un piano programmato le verifiche ispettive sulle proprie attività per accertarsi che il laboratorio continui a rispettare i requisiti del Sistema Qualità e della 17025:2005.

L'efficienza di un laboratorio, perfettamente in linea con questa norma, si manifesta, allora, attraverso competenza e qualifica del personale, formato ed addestrato all'utilizzo delle apparecchiature di prova e/o taratura ed alla corretta esecuzione delle prove.

Per le prove, il laboratorio accreditato adotterà metodi e procedure normate, aggiornate, o anche metodi interni purché opportunamente validati e verbalizzati; le prove possono prevedere in molti casi campionamento, manipolazione, trasporto, immagazzinamento e preparazione dei campioni da analizzare e quando appropriato o richiesto, la stima dell'incertezza di misura associata al risultato.

Le attrezzature/apparecchiature impiegate per le prove devono essere idonee ed in perfetto stato di efficienza, pertanto sono sottoposte ad un programma di controllo e taratura, mediante specifici campioni di riferimento (pesi certificati o sonde termometriche). Campioni di riferimento e materiali di riferimento (mangimi certificati) vengono gestiti secondo precise procedure per la manipolazione, trasporto, immagazzinamento e l'utilizzo in stato di sicurezza.

I materiali di riferimento inoltre, associati ai regolari circuiti interlaboratorio contribuiscono a verificare e mantenere l'assicurazione della qualità dei risultati.

I risultati analitici, infine, devono essere registrati e documentati in un rapporto di prova, che dia al cliente tutte le informazioni necessarie.

Questo insieme di regole disciplina un laboratorio accreditato.

L'*accreditamento*, pur non essendo regolamentato a livello comunitario, è effettuato in tutti gli Stati membri. Questa mancanza di regole comuni ha fatto sì che nella Comunità europea venissero adottati metodi e sistemi differenti, sicché il rigore applicato nell'esecuzione dell'accreditamento varia da uno Stato membro all'altro (*www.accredia.it/context.jsp?ID_LINK=76&area=6*).

In Italia, i principali promotori della creazione del Sistema di Accreditamento volontario sono stati gli Enti di Normazione (UNI e CEI) (Thione, 2005), ed oggi l'Ente di accreditamento riconosciuto dallo Stato è l'ACCREDIA, che ha la funzione di valutare ed attestare le competenze tecniche e professionali degli operatori di quei laboratori che decidono di lavorare nel rispetto di regole obbligatorie e norme volontarie.

L'accreditamento, pur non sostituendo altri noti percorsi di certificazione di qualità (ISO 9000 ad esempio), offre diversi benefici, in termini di competitività ed incisività del laboratorio sul mercato, ma soprattutto valorizza e certifica la qualità non solo del risultato analitico emesso, ma anche di un servizio che ACCREDIA stessa verifica e controlla periodicamente tramite visite di sorveglianza (ACCREDIA RT-08).

Se a questo si aggiunge una certificazione l'intera struttura ne esce effettivamente rafforzata, soprattutto in termini di produttività.

Per il consumatore, invece, l'accreditamento è uno strumento invisibile ma che gli offre tutte le dovute garanzie su un fornitore, che ha assolto ad una serie di obblighi e speso tutte le risorse per poter immettere sul mercato un bene dagli standard qualitativi elevati, soprattutto quando tutto ciò impatta direttamente sulla salute e sulla sicurezza. (*www.accredia.it/context.jsp?ID_LINK=25&area=6*).

La forte competitività ed il crescente numero di laboratori che sempre più si dedicano alla sicurezza alimentare, hanno permesso all'ACCREDIA di poter stimare un bilancio positivo per l'anno 2012. Si registra, rispetto al 2011, un incremento del 7% nel numero di verifiche totali (1118)

In leggero calo riaccreditamenti e visite suppletive, mentre risulta significativo, l'incremento delle verifiche di sorveglianza/estensione, passate da 654 a 756 (+15,6%). Ciò è dovuto all'aumento del numero di prove da sottoporre ad accreditamento o all'estensione/modifica di quelle in uso.

(*www.accredia.it/UploadDocs/3525_Grafici_relazione_bilancio_2012_per_sito.pdf*).

Nell'istogramma 1, viene mostrato l'incremento del numero di laboratori per regione che hanno richiesto e raggiunto l'accreditamento nel biennio 2011-2012.

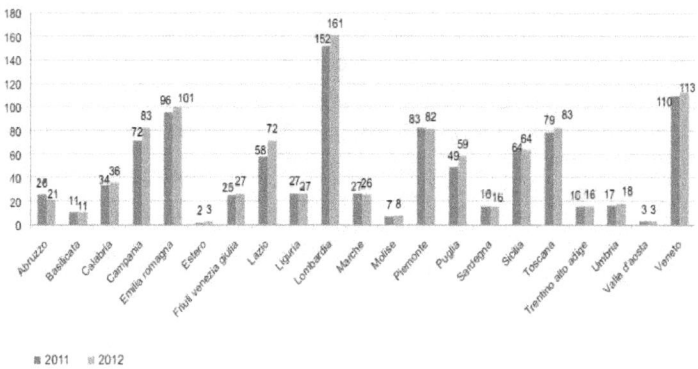

Istogr.1: Evoluzione dei laboratori di prova per regione 2011-2012.

1.10.2 Controlli ufficiali: campionamento

Il campionamento rappresenta la fase del processo analitico in cui viene prelevato dalla massa il *campione* da sottoporre ad analisi.

Il campione deve essere *rappresentativo* ed *omogeneo* cioè la sua composizione, deve essere identica a quella del materiale da cui è stato prelevato e la medesima in tutte le sue parti.

Nel caso delle micotossine, la loro distribuzione all'interno di una massa non è omogenea, ma piuttosto distribuite a macchia di leopardo (figura 14), quindi la fase di campionamento è fondamentale per ridurre l'errore del risultato analitico finale (Reg. n. 401/2006).

Studi su basi statistiche dimostrano che l'errore attribuibile al campionamento costituisce, nella stima dell'errore totale, un contributo di gran lunga superiore a quello riferibile agli altri stadi del ciclo analitico, vale a dire la preparazione del campione e l'analisi quantitativa (Whitaker, 2004)

L'entrata in vigore di regolamenti che stabiliscono tenori massimi ammissibili di questi contaminanti ha reso necessaria anche l'emanazione di specifici regolamenti sulla procedura di campionamento; ciò è stabilito dal Reg. 882/2004, dove, all'Art. 2 si definisce «campionamento per l'analisi», il *prelievo di un mangime o di un alimento oppure di una qualsiasi altra sostanza (anche proveniente dall'ambiente) necessaria alla loro produzione, trasformazione e distribuzione o che interessa la salute degli animali, per verificare, mediante analisi, la conformità alla normativa in materia di*

Fig.14: Distribuzione disomogenea delle micotossine.

mangimi e di alimenti e alle norme sulla salute degli animali.

Attualmente sono in vigore il Reg. (CE) n. 401/2006, per i metodi di campionamento ed analisi nei prodotti alimentari ed il Reg. (CE) n. 152/2009 per i metodi di campionamento ed analisi negli alimenti per gli animali (non applicabile ai foraggi, per i quali è valido l' ISO 6497:2002).

Definendo, secondo il Reg. (CE) n. 401/2006,

1) *«partita»*: quantitativo identificabile di prodotto alimentare, consegnato in una sola volta, per il quale è accertata dall'addetto al controllo ufficiale la presenza di caratteristiche comuni quali l'origine, la varietà, il tipo d'imballaggio, l'imballatore, lo speditore o la marcatura;

2) *«sottopartita»*: porzione di una grande partita designata per essere sottoposta a campionamento; ciascuna sottopartita deve essere fisicamente separata e identificabile;

3) *«campione elementare»*: quantitativo di materiale prelevato in un solo punto della partita o della sottopartita;

4) *«campione globale»*: campione ottenuto riunendo tutti i campioni elementari prelevati dalla partita o dalla sottopartita;

5) *«campione di laboratorio»*: campione destinato al laboratorio,

il principio generale su cui si è basata la procedura di campionamento è quello per cui, da una partita si procede alla suddivisione in sottopartite uguali; da qui, campioni elementari vengono prelevati da vari punti e successivamente riuniti insieme per ottenere un campione globale. Dal campione globale, sufficientemente omogeneizzato, viene prelevato il campione di laboratorio per le analisi.

Il numero dei campioni elementari è stabilito dal regolamento in funzione della dimensione della partita ed in relazione alla diversa tipologia di matrice.

Essi possono essere prelevati secondo due modalità:

1. *Campionamento statico* = prelievo da una massa ferma in punti differenziati della stessa;

2. *Campionamento dinamico* = prelievo durante la movimentazione di una massa, di campioni ad intervalli regolari, con tempi definiti in funzione del flusso di avanzamento del materiale.

E' ovvio, a questo punto, che un corretto piano di campionamento è ritenuto fondamentale per la determinazione dell'eventuale contenuto in micotossine nel materiale da esaminare.

Nonostante ciò non è difficile ricadere in errore: campionamenti eseguiti su partite di grosse dimensioni (sili o magazzini) sono quelli facilmente soggetti a errori, per la casuale distribuzione delle micotossine (Tealdo, 2006)(figura 14).

1.10.3 Controlli ufficiali: tecniche analitiche

I metodi di analisi utilizzati per il controllo alimentare devono essere conformi alle disposizioni dei punti 1 e 2 dell'allegato III del Reg. (CE) n. 882/2004.

Tale allegato stabilisce che sarebbe, innanzitutto, opportuno dare la preferenza ai metodi di analisi uniformemente applicabili a più categorie di prodotti, rispetto a quelli che si applicano solo a singoli prodotti; questi metodi devono essere, inoltre, caratterizzati dai seguenti parametri:

a) esattezza;
b) applicabilità (matrice e gamma di concentrazione);
c) limite di rilevazione;
d) limite di determinazione;
e) precisione (prove interlaboratorio);
f) ripetibilità;
g) riproducibilità;
h) recupero;
i) selettività;

j)   sensibilità;

k)   linearità;

l)   incertezza delle misurazioni.

I criteri, invece, da applicare alla preparazione dei campioni e ai metodi di analisi per il controllo ufficiale sono pubblicati nell'allegato II del Reg. n. 401/2006.

Stabiliti alcuni suggerimenti precauzionali circa il trattamento del campione in laboratorio, viene chiaramente indicato che a livello comunitario non è prescritto alcun metodo specifico per la determinazione dei tenori di micotossine nei prodotti alimentari, pertanto i laboratori sono liberi di applicare il metodo di loro scelta, a condizione che esso rispetti i criteri stabiliti dal regolamento stesso.

Di fatto, i metodi più largamente diffusi ed utilizzati nei laboratori, per la determinazione delle micotossine, sono quelli cromatografici (Fujimoto, 2002; Turner *et al.*, 2009; Iqbal *et al.*, 2013). Basati sul principio generale della cromatografia, queste tecniche sono fortemente sostenute da un'evoluzione tecnologica applicata a più livelli e con diverse modalità. Parliamo di HPLC (cromatografia liquida ad elevate prestazioni), di LC-MS (cromatografia liquida associata la spettrometria di massa), di metodi rapidi basati su tecniche immunochimiche, fino a metodi di ultra-elevate prestazioni (UHPLC)(Visconti, 2012).

Tra queste tecniche, l'LC-MS è quella di gran lunga preferita (Turner *et al.*, 2009). E' una tecnica altamente sensibile e selettiva, che permette di determinare più micotossine contemporaneamente (Iqbal *et al.*, 2013), con tempi analitici ridotti, soprattutto nelle fasi di preparazione del campione e passaggio in colonna. Purtroppo, però, la strumentazione è particolarmente costosa, così come la manutenzione e necessita inoltre di personale sufficientemente addestrato (Visconti, 2012). Ciò può ritenersi un fattore limitante.

Meno "prestanti" ma di frequente uso sono i metodi rapidi o *test di screening*, che si basano su reazioni immunologiche con specifici anticorpi per la tossina ricercata. Supportati da metodi normati come l'UNI EN ISO 14675-2003, sono test di facile esecuzione, disponibili in kit poco costosi, che mostrano discreti livelli di accuratezza e precisione (Biancardi *et al.*, 2012). Tra questi quello più noto e diffuso, conosciuto anche come test biologico, è il *test ELISA*, il quale oltre a verificare la presenza/assenza di tossine nel campione è in grado di fornire indicazioni quantitative del livello di concentrazione: gli anticorpi si legano alla tossina ed il legame si evidenzia attraverso una variazione di colore che si verifica a valori di concentrazione prefissati (Turner *et al.*, 2009).

Questi test consentono di analizzare un alto numero di campioni in poco tempo, mediante l'ausilio di un lettore multipiastre, ma possono dare falsi positivi e risentono molto dell'effetto matrice.

Per la sua versatilità ed applicabilità l'HPLC è attualmente una delle tecniche di separazione più usate a scopi qualitativi e quantitativi.

Pur essendo costosa e richiedendo personale preparato e qualificato, è una tecnica che si distingue per rapidità di esecuzione, alta efficienza per la separazione di miscele molto complesse, alta risoluzione (cioè picchi di sostanze anche simili chimicamente, ben separati), rivelazione in continuo dei componenti di una miscela, registrazione in continuo del cromatogramma e possibilità di analisi di composti termolabili (Benedetti *et al.*, 1995).

Nel caso delle aflatossine questa tecnica è utilizzata a fase normale o a fase inversa (fase mobile polare e fase stazionaria apolare), in base alla polarità delle tossine stesse. I metodi di determinazione più comuni prevedono la fase inversa e si basano sull'uso di rivelatori UV o a fluorescenza, idonei per la rivelazione di molecole dotate di un cromoforo (Jaimez *et al.*, 2000), pertanto la metodica per la determinazione di aflatossine in HPLC, maggiormente riscontrata in bibliografia, è quella con derivatizzazione post-colonna e purificazione in colonna di immuno-affinità (Tavčar-Kalcher *et al.*, 2007; Turner *et al.*, 2009; Iqbal *et al.*, 2013).

1.11 Sistemi di allerta e importazioni da Paesi terzi

Nell'ambito della Comunità europea è sempre attivo il sistema RASFF (*Rapid Alert System for Food and Feed*) che si fonda sui requisiti del Reg. (CE) n. 178/2002 sulla sicurezza alimentare e che fornisce alle Autorità competenti e agli organi di controllo la possibilità di ricevere informazioni in tempo reale, circa la presenza di eventuali rischi per la salute pubblica connessi al consumo di alimenti o mangimi.

Derivato dalla Direttiva 92/59/CE del Consiglio europeo si tratta di una rete, basata su posta elettronica e schede di notifica standard, che collega e coinvolge gli Stati membri e la Commissione europea.

In presenza di un rischio sanitario, lo Stato membro coinvolto notifica immediatamente alla Commissione europea che a sua volta, sentito il parere dell'Autorità, lo trasmette a tutti gli altri Stati della Comunità tramite i "Punti di contatto". Sulla base degli allerta notificati, la Commissione europea può adottare le dovute decisioni (De Mattia *et al.*, 2005).

E' uno strumento di indubbia e straordinaria importanza, soprattutto per la gestione dei prodotti di importazione.

Tali prodotti possono entrare nel territorio comunitario solo attraverso i "Punti identificati di importazione", cioè porti, aeroporti o punti di attraversamento terrestre autorizzati (SANCO/1208/2005).

Fig.15: Distribuzione USMAF e UT in Italia.

In Italia, i punti identificati d'importazione sono gli Uffici di Sanità Marittima e di Frontiera (USMAF), dipendenti dal Ministero della Salute, o le loro Unità Territoriali (UT)(figura 15), che assieme ai Punti di Ispezione Frontaliera (PIF) e agli Uffici Veterinari Adempimenti CEE (UVAC), effettuano i controlli igienico-sanitari sulle merci in ingresso.

Esiste una biunivoca interazione tra i due sistemi, infatti un applicativo informatico (NSIS-USMAF – *Nuovo Sistema Informatico Sanitario*) aggiorna gli Uffici del Ministero della Salute sull'attività espletate dagli USMAF e relative UT, interscambiandole con il sistema RASFF.

Questo bidirezionale flusso di dati (NSIS – RASFF), potenzia la rete di controllo e sicurezza relativo alle merci di importazione e ciò risulta fondamentale per garantire alla Comunità europea la libera circolazione di prodotti sani e sicuri. (*www.salute.gov.it/portale/temi/p25.jsp?lingua=italian&area=usmaf&menu=uffici*).

Ogni anno il RASFF pubblica una relazione annuale, consultabile liberamente sul sito *http://ec.europa.eu/food/food/rapidalert/rasff_portal_database_en.htm*, dove fornisce il resoconto in termini di allerte, informazioni e respingimenti alle frontiere, di tutti i prodotti riconosciuti non conformi che si muovono all'interno della Comunità europea.

Non ancora ufficialmente disponibile il RASFF Annual Report 2013, si riportano i dati estrapolati dal report 2012, da cui si apprende che il 50% delle notifiche ha riguardato il respingimento alle frontiere della UE di alimenti e mangimi che presentavano rischi per la sicurezza alimentare. Le notifiche hanno raggiunto un totale di 8797 (3516 originali e 5281 di follow-up). Tra le notifiche originali, 332 hanno riguardato mangimi.

Per la categoria di rischio aflatossine, in totale sono state effettuate 484 notifiche, (Francia 62, Regno Unito 90, Paesi Bassi 40, Germania 41, Turchia 134, Cina 59 e India 58), a fronte di valori più alti registrati negli anni precedenti (tabella 13). Delle 484 notifiche, poi, buona parte interessa semi, noci e derivati, frutta ed in parte cereali (tabella 14).

Due sole considerazioni in merito a tutto ciò: la contaminazione di semi, frutta in guscio, frutta e cereali trova una risposta nelle condizioni climatiche (un severo periodo di siccità) che hanno "devastato" il 2012 a livello mondiale; il calo di notifiche, rispetto al 2011 ed anni precedenti, trova invece un logico riscontro nell'efficacia di un consolidato e rinforzato regime di controlli messi in atto dalla Comunità europea (RASFF Annual Report 2012).

Tab.13: RASFF Annual Report 2012. Notifiche sulle micotossine nei prodotti alimentari e mangimi.

Hazard	2003	2004	2005	2006	2007	2008	2009	2010	2011	2012
Aflatoxins	762	839	946	801	705	902	638	649	585	484
Deoxynivalenol (DON)					10	4	3	2	11	4
Fumonisins	15	14	2	15	9	2	1	3	4	4
Ochratoxin A	26	27	42	54	30	20	27	34	35	32
Patulin			6	7		3				
Zearalenone				1	6	2				4
Total mycotoxins	803	880	996	878	760	933	669	688	635	525

Tab.14: RASFF Annual Report 2012. Notifiche per categoria di prodotto.

Product Category	Aflatoxins	Deoxynivalenol (DON)	Fumonisins	Ochratoxin A	Zearalenone
Cereals And Bakery Products	17	4	4	6	3
Confectionery	7			1	
Feed	79				
Fruits And Vegetables	137			19	1
Herbs And Spices	33			4	
Milk And Milk Products	5				
Nuts, Nut Products And Seeds	204				
Prepared Dishes And Snacks	2			2	
Total	484	4	4	32	4

I prodotti provenienti da Paesi terzi sono sempre soggetti a controlli, volti a tutelare la salute dei cittadini e degli animali all'interno della Comunità.

Nel quadro normativo sono le disposizioni del D. Lgs 223/2003, che si ritrovano integralmente nel Reg. (CE) n. 882/2004, a sua volta implementato dal Reg. (CE) n. 669/2009, a disporre i controlli veterinari ufficiali ed individuare i Posti di Ispezione Frontaliera (PIF) quali organi ufficiali responsabili. Tali controlli, applicati ai mangimi di origine non animale, riguardano: il controllo documentale, l'ispezione visuale, il controllo fisico (imballaggio, etichettatura) nonché il campionamento e prove di laboratorio. L'esito positivo autorizza il nullaosta per l'importazione altrimenti si applicano le misure previste dal Reg. (CE) n. 882/2004, con la possibilità di distruggere o di rinviare i prodotti in questione, o di sottoporli a qualsiasi altro trattamento appropriato. Nel caso dei mangimi di origine animale il Reg. n. 882/2004, lascia impregiudicate le disposizioni relative ai controlli veterinari previste dalla Direttiva 97/78/CE.

Tali disposizioni rimangono applicabili alle materie prime per mangimi ed agli alimenti per animali da compagnia (*www.salute.gov.it/imgs/C_17_pubblicazioni_1463_allegato.pdf*).

Nel caso l'importazione riguardi prodotti alimentari la Decisione 2006/504/CE, più volte modificata, viene abrogata dal Reg. (CE) n. 1152/2009 che stabilisce condizioni particolari per l'importazione di determinati prodotti alimentari da alcuni Paesi terzi a causa del rischio di contaminazione da aflatossine. I prodotti in questione riguardano sostanzialmente la frutta in guscio, quali noci, pistacchio, arachidi, nocciole, mandorle e loro derivati (farine e paste).

2. LE ANALISI IN LABORATORIO

Lo scopo delle analisi di laboratorio è quello di valutare l'eventuale contaminazione da aflatossina B_1 e totali nei mangimi semplici e composti, utilizzati nel razionamento delle principali specie in produzione zootecnica, oltre che nel pistacchio e derivati, impiegati per l'alimentazione umana.

Ciò al fine di valutare la qualità dei prodotti e gli eventuali punti critici della produzione di alimenti per uso zootecnico e trasformazione dei prodotti alimentari, nel rispetto dei limiti di legge imposti dal Regolamento (UE) 574/2011.

Verranno qui trattate le analisi di laboratorio mediante l'impiego di metodiche UNI ed attraverso la validazione di un metodo interno per la determinazione di aflatossina B_1 e totali su mangimi semplici e composti, frutta in guscio e prodotti derivati al fine di ottenere una procedura accreditata valida per più matrici, che soddisfi le esigenze del laboratorio stesso, in accordo a quanto stabilito dai punti 1 e 2 dell'allegato III del Reg. (CE) n. 882/2004 relativo ai controlli ufficiali intesi a verificare la conformità alla normativa in materia di mangimi e di alimenti e alle norme sulla salute e sul benessere degli animali.

2.1 Macinazione dei campioni

Il laboratorio in cui sono state eseguite le prove non effettua né campionamenti né sub-campionamenti, pertanto, seguendo le disposizioni del Reg. (CE) n. 152/2009, le aliquote pervenute sono state interamente macinate affinché il campione ne risultasse rappresentativo ed omogeneo.

Per la macinazione è stato utilizzato un molino a martelli Tecator AB Cyclotec 1093 della FOSS (figura 16), studiato appunto per la macinazione rapida ed uniforme di una grande varietà di mangimi, cereali, semi, foglie, fieno e sottoprodotti agroindustriali essiccati.

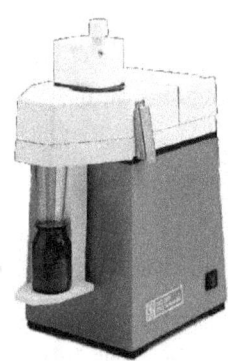

Fig.16: Molino Tecator AB Cyclotec 1093.

In questo tipo di molino il campione viene finemente sminuzzato contro un anello di macinazione abrasivo da una girante alla velocità di circa 10.000 giri/min. Il prodotto macinato, viene setacciato tramite una griglia con fori da 1mm e viene inviato in un flacone mediante separatore a ciclone. La girante genera un flusso d'aria che funge da mezzo di trasporto e da refrigerante mantenendo inalterate le caratteristiche del campione.

I campioni di mangime sotto forma di pellettato, sfarinato o in granella, (figura 18), sono stati direttamente macinati così come pervenuti, mentre i foraggi sono stati sminuzzati a mano (sono state usate delle comuni forbici per ridurne gli steli a

Fig.17: Molino a coltelli RETSCH GM200.

segmenti di circa 5cm), quindi macinati normalmente.

Per i campioni umidi come l'insilato, il pastazzo di agrumi, il melasso di agrumi e la frutta in guscio (figura 18), si è preferito invece utilizzare un molino da banco a coltelli della RETSCH modello GM200 munito di coperchio gravimetrico per ridurre la camera di macinazione e migliorare il taglio (figura 17).

Dopo la macinazione i campioni sono stati conservati, singolarmente, in buste da vuoto, recanti un'etichetta col codice identificativo generato in fase di accettazione e riposti nell'*area campioni in corso di prova* all'interno di appositi armadi di stoccaggio in laboratorio, pronti per la determinazione analitica delle aflatossine.

a) *Mangime pellettato*   b) *Mangime sfarinato*   c) *Granella di mais*

d) *Granella di pistacchio*   e) *Pasta pura di pistacchio*   f) *Pastazzo di agrumi*

Fig.18: Mangimi e prodotti alimentari su cui sono state effettuate le analisi di aflatossine: a) mangime pellettato; b) mangime sfarinato; c) granella di mais; d) granella di pistacchio; e) pasta pura di pistacchio; f) pastazzo di agrumi.

2.2   Metodiche analitiche utilizzate per l'analisi delle aflatossine

2.2.1   Metodo UNI EN ISO 12955:1999

Il metodo analitico utilizzato dal laboratorio fino al 2011, è stato l'UNI EN ISO 12955:1999, *"Prodotti alimentari - Determinazione di aflatossina B_1 e della somma di aflatossine G_1, B_2, G_1 e G_2 nei cereali, frutti in guscio e prodotti derivati - Metodo per cromatografia liquida ad alta risoluzione con derivazione post-colonna e purificazione in colonna di immunoaffinità".*

Questa norma specifica un metodo per la determinazione del contenuto di aflatossina maggiore di 8 µg/kg nei cereali, frutti in guscio e prodotti derivati, in conformità al Reg. (CE) n. 1881/2006 che stabilisce, per questa tipologia di prodotti, un limite massimo per le aflatossine totali di 10 µg/kg.

Nel 2012 il metodo, per esigenze di laboratorio, ha richiesto delle modifiche relative all'estensione del campo di misura per valori compresi tra 0,6 e 22 µg/kg. In accordo alle procedure dettate dal manuale UNICHIM n.179/0, Ed. 1999, in materia di validazione dei metodi di prova, il metodo è stato sottoposto a validazione, quindi verificato ed approvato dall'Ente ACCREDIA.

Il "nuovo" metodo è rimasto in uso per quasi tutto l'anno 2012 fino a che il laboratorio ha deciso di validare un metodo interno in sostituzione dell'UNI EN ISO 12955:1999, nel frattempo ritirata e sostituita dall'UNI EN ISO 16050:2011, *"Prodotti alimentari - Determinazione di aflatossina B_1 e del contenuto totale di aflatossine B_1, B_2, G_1 e G_2 nei cereali, nelle noci e nei prodotti derivati - Metodo per cromatografia liquida ad alta risoluzione".*

Non è stato possibile risalire alle motivazioni che hanno condotto al ritiro della norma, ma in linea di massima, confrontando i metodi non emergono sostanziali differenze. La nuova norma rispetta naturalmente i limiti di legge ammessi dal Reg. (CE) n. 165/2010, punti 2.1.7 e 2.1.8, ed è applicabile entro un campo di misura che va da 8 µg/kg in su, inoltre recepisce l'antecedente ISO 16050:2003 e valida il metodo per il mais contenente 24,5 µg/kg, per il burro di arachidi contenente 8,4 µg/kg e per gli arachidi contenenti 16 µg/kg di aflatossine totali.

Per validare il metodo si è seguita la procedura di validazione suggerita dal manuale UNICHIM n.179/0, Ed. 1999.

Il metodo interno, "su misura" per il laboratorio, è stato definito MI AFLA 01, rev. 0 *"Aflatossina B_1, e somma di aflatossine B_1, B_2, G_1 e G_2 in cereali, alimenti ad uso zootecnico, frutti in guscio e prodotti derivati"*.

2.2.2 Validazione del metodo interno

L'applicazione della norma UNI CEI EN ISO/IEC 17025 nei laboratori comporta un notevole sforzo da parte degli operatori, soprattutto per quel che riguarda le prescrizioni tecniche relative alla validazione dei metodi. La difficoltà del laboratorio sta, non solo nella gestione della metodologia di validazione ma anche nell'aumento dell'impegno degli analisti impiegati (Tenaglia *et al.*, 2002).

Tuttavia la validazione diventa fondamentale lì dove un risultato analitico non è valutabile, né confrontabile, né interpretabile, se non corredato da una serie di indicatori che informano sulle performances del metodo impiegato per ottenerlo.

Per definizione la validazione è "*la conferma, sostenuta da evidenze oggettive, che i requisiti relativi ad una specifica utilizzazione o applicazione prevista sono stati soddisfatti*" (ISO 9000-2005). In buona sostanza bisogna dimostrare la validità di un metodo che solitamente viene "giudicato" in funzione della sua affidabilità, applicabilità e praticabilità; in quest'ottica un metodo interno è il risultato di una progettazione specifica (Tenaglia *et al.*, 2002).

Per la validazione del metodo interno, MI AFLA 01, (campi di misura 0,5-22 µg/kg per cereali ed alimenti ad uso zootecnico e 0,5-12 µg/kg per frutti in guscio e prodotti derivati) si è preferito riportare solo la procedura di validazione relativa ai mangimi, data l'estensione dell'argomento, ma quanto descritto è stato applicato anche al mais, ai foraggi, al pistacchio ed alla pasta pura di pistacchio.

Per validare il metodo sono stati valutati i seguenti parametri:

- Linearità;
- Selettività;
- Taratura strumentale;
- Esattezza;
- Incertezza di misura;
- Limite di rilevabilità (LoD) e quantificazione (LoQ);
- Campo di applicazione;
- Robustezza.

Preparazione del materiale di riferimento: per l'esecuzione delle prove sono stati utilizzati standard in matrice preparati dal laboratorio, pertanto si è deciso di drogare del mangime con quantità note di standard (AflatoxinMix 4-solution OEKANAL 20µg/ml in acetonitrile – FLUKA cat.no 33415).

Il primo step è stato quello di analizzare, secondo le modalità definite dal metodo, una parte di campione non addizionato di aflatossine per verificare l'assenza di interferenti nelle zone di eluizione delle stesse. Accertatane l'assenza si è drogato il campione ottenendo un materiale di riferimento a diverse concentrazioni come mostrato in tabella 15.

Tab.15: Concentrazioni del materiale di riferimento.

B$_1$ Concentrazione MR (µg/kg)	B$_2$ Concentrazione MR (µg/kg)	G$_1$ Concentrazione MR (µg/kg)	G$_2$ Concentrazione MR (µg/kg)
0,5	0,5	0,5	0,5
4,98	4,98	5,03	5,03
21,89	21,89	22,11	22,11

Linearità: è l'abilità di un metodo a dare risultati che sono direttamente proporzionali alla concentrazione degli analiti presenti nei campioni, all'interno di un determinato campo di validità.

Essa è stata verificata attraverso il calcolo del coefficiente di correlazione R^2 (secondo il metodo dei minimi quadrati) della retta di taratura, eseguita mediante soluzioni standard. Sono ritenuti accettabili coefficienti di correlazione pari almeno a 0,9000.

Come si può osservare dai dati riportati nel grafico 2, i valori di R^2 hanno soddisfatto il criterio di accettabilità stabilito.

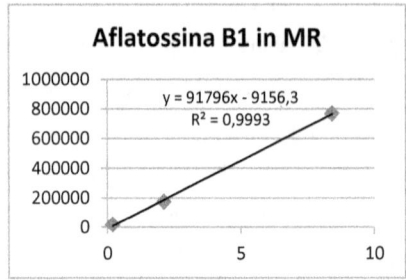 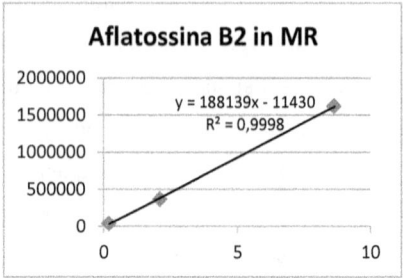

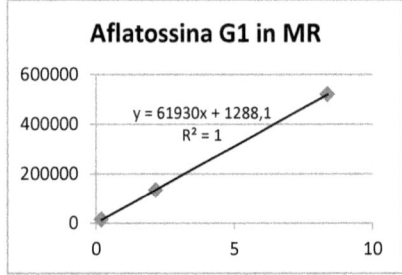 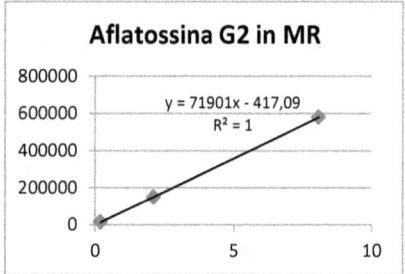

Graf.2: Valori di R^2 calcolati secondo il metodo dei minimi quadrati estrapolati dalla retta di taratura.

Selettività: si tratta della capacità del metodo di determinare inequivocabilmente l'analita di interesse anche in presenza di composti affini.

La verifica della selettività ha previsto l'esecuzione di tre controlli incrociati.

<u>Controllo del coefficiente angolare:</u>

E' stato confrontato il coefficiente angolare della retta ottenuta dal fittaggio dei valori delle aree ottenute dall'analisi dei materiali di riferimento a concentrazione nota con quello ottenuto dal fittaggio dei valori delle aree ottenute da soluzioni di standard certificati a concentrazione nota. La differenza tra i coefficienti angolari deve risultare inferiore al 5%.

Come è possibile osservare dalle equazioni delle rette riportate nei grafici sottostanti la prova ha dato esito positivo (grafico 3).

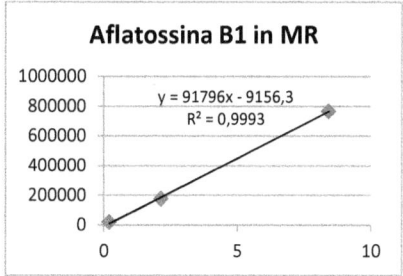

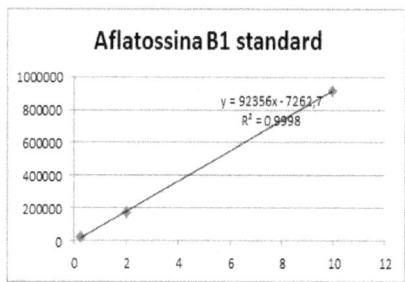

	Aflatossina B1 MR	Aflatossina B1 Standard	Differenza
Coefficiente angolare	91796	92356	0,60%

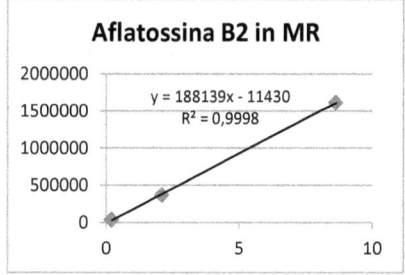

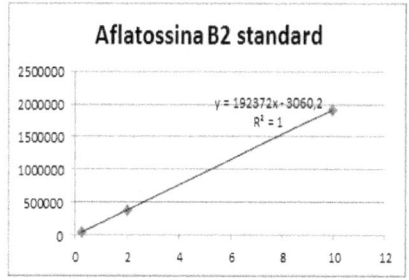

	Aflatossina B2 MR	Aflatossina B2 Standard	Differenza
Coefficiente angolare	188139	192372	2,20%

Segue nella pagina successiva

81

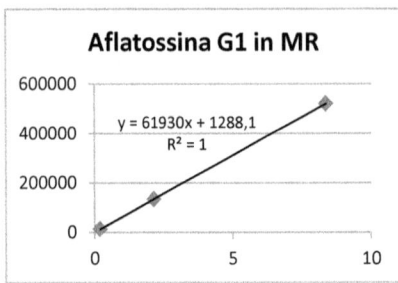
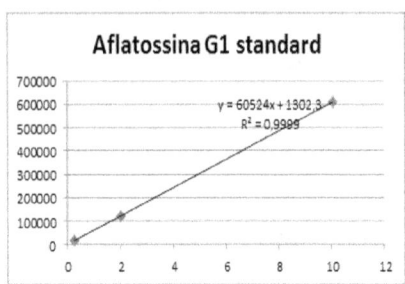

	Aflatossina G1 MR	Aflatossina G1 Standard	Differenza
Coefficiente angolare	61930	60524	2,27%

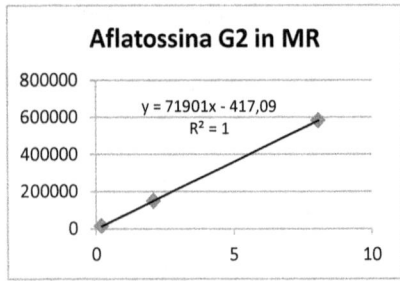
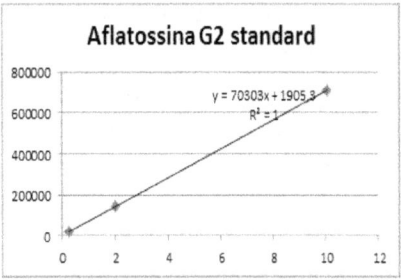

	Aflatossina G2 MR (m^1)	Aflatossina G2 Standard (m^2)	Differenza
Coefficiente angolare	71901	70303	2,22%

Graf.3: Confronto dei coefficienti angolari estrapolati dalle equazioni delle rette per ciascuna aflatossina.

Controllo della risoluzione:

Sono stati iniettati tre campioni reali per verificare che la risoluzione, tra il picco di interesse e quello interferente, sia superiore a 0,5 secondo la seguente formula: $\qquad$ R= 2 (T1-T2)/W1+W2

dove:

T_1 e T_2 sono i tempi di ritenzione dei picchi (in secondi);

W_1 e W_2 sono le larghezze dei picchi alla base in secondi.

Tab.16: Confronto tra la risoluzione del picco di interesse e l'interferente.

Mangime 0,5 μg/kg - Picchi	Risoluzione
Aflatossina G2	1,8
Interferente 1 (aflatossina G1)	
Aflatossina G1	1,17
Interferente 2 (aflatossina B2)	
Aflatossina B2	1,17
Interferente 1 (aflatossina G1)	
Aflatossina B1	2,62
Interferente 2 (aflatossina B2)	

Mangime 5 μg/kg - Picchi	Risoluzione
Aflatossina G2	1,38
Interferente 1 (aflatossina G1)	
Aflatossina G1	0,94
Interferente 2 (aflatossina B2)	
Aflatossina B2	0,94
Interferente 1 (aflatossina G1)	
Aflatossina B1	1,83
Interferente 2 (aflatossina B2)	

Mangime 22 μg/kg - Picchi	Risoluzione
Aflatossina G2	1,54
Interferente 1 (aflatossina G1)	
Aflatossina G1	0,96
Interferente 2 (aflatossina B2)	
Aflatossina B2	0,96
Interferente 1 (aflatossina G1)	
Aflatossina B1	1,57
Interferente 2 (aflatossina B2)	

Dai risultati esposti nella tabella 16, le condizioni cromatografiche del metodo hanno garantito una risoluzione soddisfacente.

Controllo del recupero:

È stato calcolato il recupero dell'analita (cioè quanto effettivamente il metodo consente di determinare) su 6 campioni con una concentrazione di ogni aflatossina di circa 0,5 µg/kg, 6 campioni con una concentrazione di circa 5 µg/kg e 6 campioni con una concentrazione di circa 22 µg/kg.

Per il criterio di accettabilità, così come stabilito dal Reg. (CE) n. 401/2006, sono stati considerati accettabili percentuali di recupero comprese tra 50 e 120% per concentrazioni di aflatossine < 1,0 µg/kg; tra 70 e 110% per concentrazioni comprese tra 1 e 10 µg/kg; tra 80 e 110% per concentrazioni maggiori di 10 µg/kg.

Tab.17: Valori di recupero a tre diverse concentrazioni. I valori rientrano nei criteri di accettabilità stabiliti dal Reg. (CE) 401/2006.

	Concentrazione 0,5 µg/kg	Recupero	Criterio di accettabilità
B_1	0,497	98	
B_2	0,497	103	50% - 120%
G_1	0,502	91	
G_2	0,502	94	

	Concentrazione 5 µg/kg	Recupero	Criterio di accettabilità
B_1	4,97	102	
B_2	4,97	100	70% - 110%
G_1	5,02	103	
G_2	5,02	99	

	Concentrazione 22 µg/kg	Recupero	Criterio di accettabilità
B_1	21,89	91,66	
B_2	21,89	94	80% - 110%
G_1	22,11	90	
G_2	22,11	87	

Dai risultati ottenuti i valori di recupero hanno soddisfatto i criteri di accettabilità stabiliti (tabella 17).

Taratura strumentale: è la corrispondenza tra i valori indicati dallo strumento e i valori della grandezza di interesse, realizzati mediante i materiali di taratura.

La taratura strumentale si è basata sul metodo dello standard esterno, ed ha previsto la costruzione di una retta di taratura per ciascuna aflatossina, a tre diversi intervalli di concentrazione, secondo le modalità descritte nella procedura di prova relativa al metodo MI AFLA 01.

Esattezza: è il parametro più importante. E' il grado di accordo tra il risultato di un procedimento analitico e il valore di riferimento accettato ("valore vero").

La prova è stata eseguita su 6 campioni a concentrazione nota ed il criterio di accettabilità è stato il seguente: *t calcolato < t tabulato*, dove t = t di Student ; t calcolato = (1-rec)/u rec ; u rec = incertezza del recupero.

Per questo tipo di verifica si è utilizzato un foglio di calcolo predisposto.

E' stata verificata l'accuratezza del metodo confrontando i valori ottenuti dall'analisi eseguita con il metodo MI AFLA 01 su 6 campioni con una concentrazione di ogni aflatossina di circa 0,5 µg/kg, 6 campioni con una concentrazione di circa 5 µg/kg e 6 campioni con una concentrazione di circa 22 µg/kg.

Tab.18: Valori di esattezza calcolati per ciascuna aflatossina.

Esattezza aflatossina B1

Concentrazione µg/kg	t calcolato	t tabulato	Criterio di accettabilità
0,497	0,37	2,57	
4,97	-0,28	2,57	t calcolato < di t tabulato
21,89	1,882682521	2,57	

Segue nella pagina successiva

Esattezza aflatossina B2

Concentrazione µg/kg	t calcolato	t tabulato	Criterio di accettabilità
0,497	-0,49	2,57	
4,97	0,006817674	2,57	t calcolato < di t tabulato
21,89	0,981805576	2,57	

Esattezza aflatossina G1

Concentrazione µg/kg	t calcolato	t tabulato	Criterio di accettabilità
0,502	2,49	2,57	
5,02	-0,473708652	2,57	t calcolato < di t tabulato
22,11	1,822785035	2,57	

Esattezza aflatossina G2

Concentrazione µg/kg	t calcolato	t tabulato	Criterio di accettabilità
0,502	2,21	2,57	
5,02	0,120364484	2,57	t calcolato < di t tabulato
22,11	1,979177556	2,57	

I valori di esattezza hanno rispettato i criteri di accettabilità stabiliti (tabella 18).

Incertezza di misura: è un parametro che caratterizza la dispersione dei valori che potrebbero ragionevolmente essere attribuiti al misurando.

Per la stima dell'incertezza è stato utilizzato l'approccio bottom-up seguendo le indicazioni riportate nei manuali relativi al "Calcolo dell'incertezza di misura".

Limite di rilevabilità (LoD) e limite di quantificazione (LoQ): l'LoD è la più bassa concentrazione di una specifica sostanza che un processo analitico può determinare; l'LoQ è la più bassa concentrazione quantitativamente analizzabile da un processo analitico.

Per determinare LoD ed LoQ è stata preparata una soluzione a 0,005 µg/kg e ne sono stati iniettati 50µl. Dal cromatogramma sono risultati, il picco più basso corrispondente a 3 volte il rumore di fondo ed il picco più alto 7 volte il rumore di fondo. La corsa cromatografica è stata ripetuta 10 volte e dei risultati ottenuti ne è stata calcolata la media. Dalla media delle aree relative al picco più basso è stato calcolato il valore in µg/kg utilizzando l'equazione della retta costruita per il metodo, determinando così il valore di LoD; lo stesso è stato fatto considerando la media delle aree del picco più alto per il calcolo dell'LoQ (tabella 19).

Tab.19: Valori di LoD ed LoQ calcolati per ciascuna aflatossina.

LoD aflatossina B1	0,006 µg/kg
LoQ aflatossina B1	0,024 µg/kg
LoD aflatossina B2	0,005 µg/kg
LoQ aflatossina B2	0,014 µg/kg
LoD aflatossina G1	0,021 µg/kg
LoQ aflatossina G1	0,045 µg/kg
LoD aflatossina G2	0,009 µg/kg
LoQ aflatossina G2	0,034 µg/kg

Campo di applicazione: comprende l'intervallo di concentrazione per il quale è stato verificato che tutti i parametri caratteristici del metodo hanno valori accettabili.

Il metodo è stato verificato nell'intervallo di concentrazione 0,5 – 22 µg/kg.

Robustezza: è la capacità posseduta da un metodo di non essere influenzato significativamente, in termini di risultati finali, per effetto di variazioni deliberatamente introdotte nelle sue fasi di realizzazione.

E' stata verificata la robustezza del metodo applicando differenti condizioni operative rispetto a quelle previste. E' stato analizzato un campione di mangime a concentrazione nota (5 µg/kg) apportando al metodo le seguenti modifiche:

1:   dopo la prima filtrazione il campione è stato lasciato all'aria per 24 h;

2: il flusso è stato impostato a 0,9 ml/min. invece di 1 ml/min.

Tab.20: Risultati a supporto della robustezza del metodo.

	Metodo MI AFLA 01	Campione 1	Differenza(Δ)	Limite di ripetibilità laboratorio	Criterio di accettabilità
Aflatossina B1 (μg/kg)	5,07	4,90	0,17	2,50	Δ < r lab
Aflatossina B2 (μg/kg)	4,97	4,66	0,31	1,68	Δ < r lab
Aflatossina G1 (μg/kg)	5,15	5,57	0,42	1,93	Δ < r lab
Aflatossina G2 (μg/kg)	4,98	4,88	0,10	2,28	Δ < r lab

Secondo il criterio di accettabilità, lo scarto dei risultati ottenuti con il metodo "deliberatamente variato" deve essere inferiore al limite di ripetibilità calcolato per il metodo.

Osservando i risultati ottenuti, il metodo è stato considerato robusto (tabella 20).

Dopo la valutazione di tutti i parametri sopra riportati, è stato possibile affermare che *il metodo MI AFLA 01 proposto si è dimostrato valido in tutto il campo di misura e per tutte le aflatossine oggetto della prova.*

Al termine del processo di validazione, è stata redatta una "Dichiarazione di validazione e idoneità", affiancata da un "Verbale di validazione" in cui sono stati riportati i dati ottenuti dalle prove eseguite per la verifica di tutti i parametri di validazione e l'esito finale.

2.3 Determinazione delle aflatossine

Il metodo interno MI AFLA 01 è un metodo per la determinazione del contenuto di aflatossine che si applica a matrici vegetali quali cereali, alimenti ad uso zootecnico, frutti in guscio e prodotti derivati. Il metodo è stato validato nell'intervallo di concentrazione compreso tra 0,5 e 22 µg/kg per mais ed alimenti ad uso zootecnico e tra 0,5 e 12 µg/kg per frutti in guscio e prodotti derivati.

Il metodo non riporta indicazioni relative al campionamento.

Secondo questo metodo, l'analisi si articola essenzialmente in quattro fasi: estrazione, purificazione, separazione e quantificazione (Turner *et al.*, 2009).

Il campione viene estratto con una miscela di metanolo e acqua; l'estratto viene filtrato, diluito con acqua e passato attraverso una colonnina ad immunoaffinità contenente anticorpi specifici per le aflatossine B_1, B_2, G_1 e G_2; le aflatossine isolate, purificate e concentrate sulla colonnina (*clean-up*) vengono successivamente recuperate con metanolo e trasferite in vial; infine, la quantificazione avviene tramite HPLC in fase inversa con rivelatore fluorimetrico e derivatizzazione (bromurazione) post-colonna.

Apparecchiature necessarie:

- Frullatore ad immersione 500-750W a velocità variabile;
- Piastra ad agitazione magnetica;
- Carta da filtro;
- Filtri PTFE da 4,5µm x 2,5mm
- Filtri in microfibra di vetro 110mm di diametro;
- Cilindri graduati di classe A da 5ml;
- Strumento HPLC con i seguenti componenti:
a) pompa adatta per un flusso di 1ml/min;
b) iniettore con loop per iniezioni da 50µl;
c) colonna di separazione cromatografica a fase inversa (C18) che assicuri la risoluzione dei picchi delle aflatossine B_1, B_2, G_1, G_2.

Specifiche della colonna: 250mm di lunghezza, diametro interno di 4,6mm, particelle sferiche di 5μm;

d)   sistema di derivatizzazione post-colonna;

e)   fluorimetro, con eccitazione a lunghezza d'onda di 365nm ed emissione a lunghezza d'onda di 435nm. Sensibilità: almeno 0,05ng di aflatossina B_1 per volume di iniezione (50μl).

Reagenti necessari:

-    Cloruro di sodio;

-    Bromuro di potassio;

-    Acido nitrico, 4M;

-    Acqua per HPLC;

-    Acetonitrile per HPLC;

-    Metanolo per HPLC;

-    Solvente di estrazione - metanolo:acqua (7:3 v/v);

-    Colonnine di immunoaffinità: le colonnine devono avere un limite di determinazione per l'aflatossina B_1 di 0,05μg/kg ed il recupero deve essere almeno dell'80% per le aflatossine B_1, B_2, G_1, G_2.

-    Fase mobile: acqua:acetonitrile:metanolo (3:1:1). Aggiungere 0,350ml di acido nitrico 4M e 120mg di bromuro di potassio. Degassare la soluzione prima dell'utilizzo.

Retta di taratura:

Partendo da uno standard certificato, è stata preparata una soluzione contenente le aflatossine B_1, B_2, G_1 e G_2 ad una concentrazione di circa 80μg/l in metanolo: acqua (70:30 v/v).

Dalla soluzione ottenuta (soluzione madre), utilizzando vetreria di classe A, sono state preparate per diluizione altre soluzioni aventi concentrazioni di: 10μg/l, 6μg/l, 4μg/l, 2μg/l, 1μg/l, 0,5μg/l, 0,25μg/l, 0,2μg/l, 0,1μg/l, 0,01μg/l e 0,005μg/l.

E' stata trasferita un'aliquota di ciascuna soluzione in una vial ambrata e sono stati iniettati 50µl in HPLC per tre volte, registrando i cromatogrammi.

Dalla media delle aree ottenute, per ogni aflatossina, è stato costruito il grafico, concentrazioni *vs* aree, da cui è stato possibile calcolare le equazioni delle rette di taratura per ciascuna aflatossina:

$$y = mx + b \quad \text{(Equazione della retta di taratura)}$$

L'equazione della retta $y = mx + b$, è stata ottenuta dai punti sperimentali attraverso la regressione eseguita con l'algoritmo dei "minimi quadrati" non pesati dei valori di y rispetto a quelli di x, secondo quanto riportato in UNICHIM n. 179/0.

Secondo lo stesso manuale, la retta di taratura è considerata accettabile se il valore $R^2 \geq 0,995$, in caso contrario deve essere preparata una nuova retta.

Calcolo LoD ed LoQ

LoD ed LoQ sono stati calcolati al momento della messa a punto del metodo e devono essere ricalcolati solo nel caso in cui intervengano modifiche sostanziali alla strumentazione in uso (es. sostituzione lampada, membrana Kobra Cell, ecc.).

Per la procedura di calcolo si rimanda al paragrafo *2.2.2 "Validazione del metodo interno"*.

Procedura analitica

Sono stati pesati 25g di campione macinato all'interno di un beaker da 800ml, con bilancia analitica OHAUS AP310, quindi sono stati aggiunti 5g di cloruro di sodio e 125ml di solvente di estrazione (MeOH-H_2O). L'aggiunta del cloruro di sodio aumenta la forza ionica dell'acqua. Mediante frullatore ad immersione il campione è stato omogeneizzato per circa 2-3 minuti ad alta velocità, quindi è stato lasciato ad agitare su una piastra ad agitazione magnetica per 1 ora a media velocità.

Il composto ottenuto è stato filtrato con carta da filtro a pieghe all'interno di una beuta da 250ml. Da qui sono stati prelevati 15 ml (V2) del filtrato (V1) e trasferiti in una beuta da 100ml, in cui sono stati aggiunti 30ml di acqua distillata, per un volume totale di 45ml (V3). La soluzione, torbida, è stata fatta passare attraverso un filtro in fibra di vetro, tante volte fino a che non è diventata limpida (spesso è sufficiente un solo passaggio). Dalla soluzione raccolta sono stati prelevati 12,6ml (V4) per la fase di purificazione mediante passaggio in colonnina.

A questo punto è stata preparata una colonnina ad immunoaffinità.

Le colonnine contengono degli anticorpi specifici per le aflatossine, imbrigliati in un setto bianco ben visibile e quando integre sono riempite di una soluzione di sodio azide che mantiene inalterati ed inattivi gli anticorpi.

La colonnina è stata collegata ad un serbatoio (una normale siringa da 60ml) mediante un adattatore, quindi pigiando sul pistone della siringa, è stata quasi completamente svuotata della soluzione di sodio azide.

Attraverso il serbatoio sono stati inseriti 12,6ml di campione e sono stati fatti passare attraverso la colonnina con un flusso di 1-2 gocce/sec. (*clean-up* o purificazione).

Al termine di questo passaggio è stato effettuato un lavaggio con 20ml di acqua distillata, rispettando sempre un flusso di 1-2 gocce/sec..

Dopo il lavaggio sono state date delle pompate a vuoto per rimuovere eventuali tracce di acqua; a questo punto all'interno della colonnina sono stati versati 1,5ml di metanolo, lasciandoli agire per 60 secondi.

Dalla colonnina l'eluato è stato raccolto in un cilindro da 5ml, portando a volume fino a 2ml con aggiunta di acqua per HPLC.

Questa soluzione è stata trasferita in una comune siringa da 10ml cui è stato collegato un filtro PTFE da 4,5µm; la soluzione è stata filtrata direttamente dentro una vial ambrata da 2ml.

Il campione è pronto per l'iniezione allo strumento.

Lo schema 1 che segue illustra brevemente i punti salienti dell'analisi delle aflatossine secondo il metodo interno MI AFLA 01.

Schema 1: Rappresentazione schematica dei passaggi che riguardano la determinazione delle aflatossine utilizzando il metodo interno MI AFLA 01.

 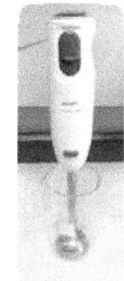 

Pesata del campione nella bilancia analitica, omogeneizzazione mediante frullatore ad immersione ed agitazione su piastra magnetica.

  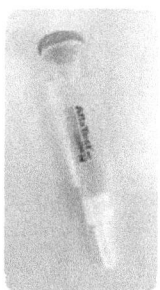

Filtrazione con carta da filtro a pieghe, recupero del filtrato e preparazione della colonnina ad immunoaffinità.

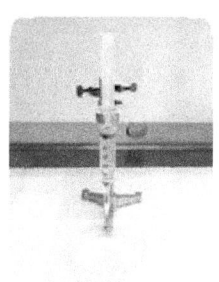 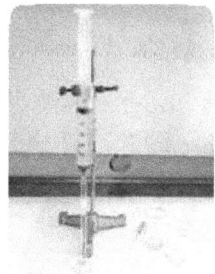 

Purificazione (*clean-up*) tramite passaggio in colonnina, recupero dell'eluato in cilindro e trasferimento in vial per l'analisi allo strumento.

2.3.1 Strumento utilizzato per l'analisi delle aflatossine

Lo strumento utilizzato per le analisi cromatografiche dei campioni è un sistema HPLC modulare della SHIMADZU (figura 19) costituito da 7 elementi: un controller (SCL-10Avp), un autocampionatore (SIL-10ADvp), una pompa alternativa a doppia testata (LC-10AT), un degasser (DGU-14A), un forno (CTO-10AS), un rivelatore UV (SPD-10A) ed un rivelatore a fluorescenza (RF-10Axl).

La colonna utilizzata, per la separazione, è una Phenomenex PhenoSphere Next a fase inversa RP C18, 25cm x 4,6mm x 5µm, cui è stata associata una colonna di guardia Zorbax 4,6cm x 12,5mm x 5µm. In quanto al sistema di derivatizzazione post-colonna è stato usato un OR Sell, Kobra Cell munito di membrana a scambio ionico Reichelt Thomapor Anion (figura 21).

Fig.19: Strumento per le analisi HPLC, utilizzato per la determinazione delle aflatossine.

94

In questo sistema, la fase mobile all'interno dei boccioni, costituita da acqua, metanolo ed acetonitrile (3:1:1) acidificata con acido nitrico 4M (350µl/L) ed aggiunta di bromuro di potassio (120mg/L), viene aspirata e mandata alla pompa alternativa a doppia testata per essere immessa in circolo lungo le linee di flusso, le quali, dato il ridotto calibro, raggiungono valori di pressione elevati, nell'ordine delle centinaia di bar. L'alta pressione di esercizio crea inevitabilmente delle microbolle gassose, dovute al passaggio del solvente da regioni ad alta pressione a regioni a più bassa pressione; in tal caso il degasser interviene rimuovendole prima che giungano alla colonna.

A questo punto la fase mobile raggiunge la precolonna (colonna di guardia), che funge da filtro e da qui passa in colonna.

La colonna è un tubo in acciaio inossidabile impaccato con silice (C18) con una resistenza a valori di pressione di poco superiori ai 200 bar. Essa si trova all'interno del forno, che mantiene la temperatura di analisi costante a 40 °C.

Il campione, in vial, gestito dall'autocampionatore, entra nel circuito senza generare variazioni di pressione, mediante il sistema di iniezione, costituito da un campionatore intercambiabile (*loop*), (figura 20) e viene immediatamente immesso in colonna.

Qui, a separazione avvenuta, le aflatossine, se presenti, passano da una cella elettrolitica (Kobra Cell), sottoposta ad una tensione di 100mA, in cui avviene la bromurazione (derivatizzazione) e successivamente vengono rivelati dal fluorimetro, un detector che misura l'intensità della fluorescenza emessa (435nm) quando il campione viene eccitato con una radiazione ad una data lunghezza d'onda (365nm).

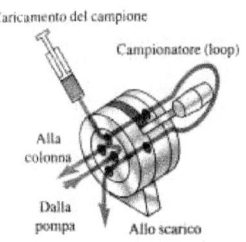

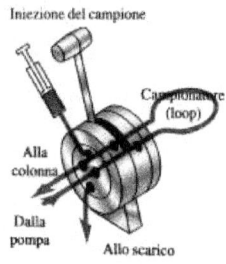

Fig.20: Campionatore intercambiabile (*loop*) a due posizioni.

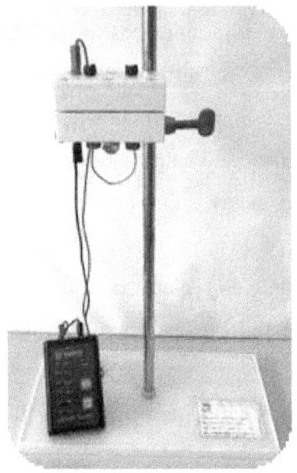

Fig.21: Sistema di derivatizzazione.

Un computer funge da registratore, trasducendo il segnale ricevuto dal fluorimetro in un cromatogramma (figura 24).

L'intero sistema è autogestito e costantemente monitorato dal controller, che coordina le varie fasi analitiche.

La bromurazione si ritiene necessaria perché non tutte le molecole sono dotate di fluorescenza naturale, pertanto, perché ciò possa avvenire, bisogna effettuare una derivatizzazione, nel nostro caso, post-colonna (Jaimez *et al.*, 2000). Derivatizzare significa legare chimicamente alla molecola un gruppo di atomi che ne permetta l'individuazione. Delle 4 aflatossine, la B_1 e la G_1 necessitano di derivatizzazione il che, chimicamente, significa saturare il doppio legame dell'unità bis-furanica con conseguente formazione dei nuovi legami C-Br (Jaimez *et al.*, 2000)(figura 22).

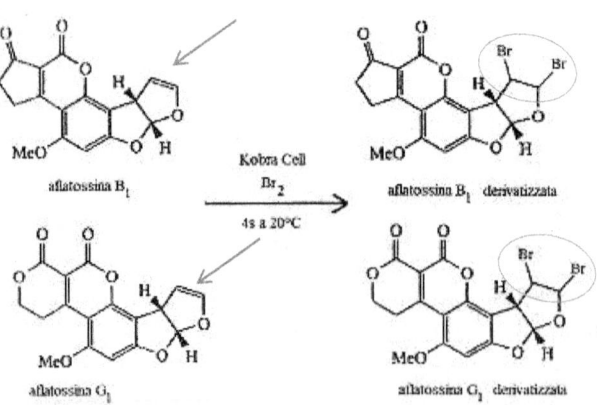

Fig.22: Derivatizzazione delle aflatossine B_1 e G_1 mediante bromurazione.

Le aflatossine che hanno subìto la bromurazione, attraversato il rivelatore, ritornano al derivatizzatore dove avviene la reazione inversa per cui, "ripristinate" vengono indirizzate allo scarico.

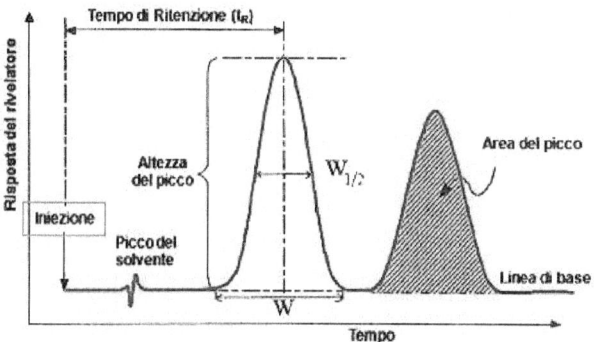

Fig.23: Esempio di un cromatogramma.

Ogni aflatossina viene identificata nel cromatogramma mediante un picco, in funzione del tempo.

Osservando l'esempio della figura 23 si nota che al tempo 0 corrisponde l'iniezione del campione; dopo qualche minuto appare il picco del solvente e poco dopo, in un certo momento, definito tempo di ritenzione t_R, viene rivelato il soluto (l'aflatossina).

Il picco dell'aflatossina sarà caratterizzato sostanzialmente da due parametri, il tempo di ritenzione e l'area: il primo identifica l'aflatossina ed il secondo la quantifica. Nella figura viene inoltre mostrata l'ampiezza del picco, indicata con W: essa è strettamente correlata al fenomeno dell'allargamento di banda, ossia rappresenta lo spessore del soluto nella fase stazionaria.

L'intero cromatogramma si "muove" tracciando una linea, detta linea di base, che indica la stabilità dell'intero sistema e l'assenza di eventuali interferenti.

Software di gestione dello strumento

Lo strumento all'accensione, indipendentemente dal software, esegue un test di convalida con cui verifica i vari moduli. A verifica ultimata, mediante il display del controller, avvisa del corretto stato di funzionamento dell'intero sistema e resta in attesa di comunicazione col *remote*, ovvero il software di gestione.

Il software in uso (EZStart 7.3, distribuito dalla Shimadzu – figura 24) lavora in ambiente Windows (nel nostro caso con S.O. Windows XP Professional) e una volta avviato assume il completo controllo sull'intero sistema HPLC.

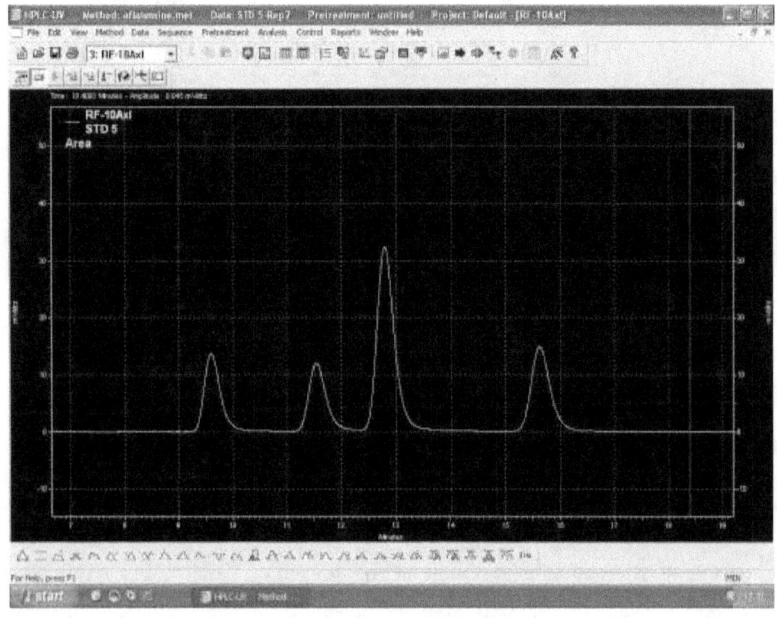

Fig.24: Software EZStart 7.3, distribuito dalla SHIMADZU.

Nonostante le notevoli potenzialità di questo software, il suo utilizzo è stato per

98

lo più limitato a semplici operazioni di routine come ad esempio, impostazioni relative al metodo in uso, avvio manuale di analisi eseguendo un campione per volta (*single run*), preparazione di sequenze analitiche (*sequence run*), lì dove richiesto un numero sufficientemente alto di campioni e settaggio dei parametri di integrazione per la gestione dei cromatogrammi.

Tuttavia è possibile costruire o integrare rette di calibrazione con conseguente import/export dei dati nei formati più compatibili (*.csv, *.xls), monitorare lo stato di funzionamento delle pompe e delle linee di flusso, verificare lo stato di usura delle diverse parti strumentali soggette a controlli periodici, individuare eventuali anomalie grazie ad un efficiente sistema di sensori e settare, secondo molteplici funzioni, i vari moduli a seconda delle diverse esigenze.

Il software consente infine di preparare ed eseguire una convalida programmata, come taratura e controllo per l'efficienza strumentale con cadenza semestrale, secondo dettate procedure previste dalla Shimadzu.

Analisi strumentale

Il metodo, impostato nel software, è stato salvato con il nome di "aflatossine.met" (*.met è l'estensione dei file utilizzati da EZStart).

Avviato il programma e selezionato il metodo, sono stati configurati in automatico tutti i parametri strumentali necessari per l'analisi, prestando maggiore attenzione alla temperatura del forno (40°C) ed al settaggio della lampada del fluorimetro (emissione 365nm, eccitazione 435nm).

E' stato montato il sistema di derivatizzazione (Kobra Cell) rispettando i corretti collegamenti, ingressi/uscite delle linee di flusso e si è passato ad aumentare manualmente ed in maniera graduale il flusso della fase mobile da un valore di 0,1ml/min. fino ad 1,0 ml/min..

Raggiunto il flusso di 1,0 ml/min. si è lasciato lo strumento a condizionare per 60 minuti circa al fine di ottenere la massima stabilità del sistema.

A questo punto, come di consueto avviene prima di ogni ciclo analitico, è stato iniettato un bianco reagenti, per verificare l'assenza di picchi interferenti ed a seguire, è stato iniettato un campione di standard a titolo noto, detto *Cromatogramma di controllo*, che avesse la concentrazione compresa nell'intervallo di quelle della retta di taratura ma che non coincidesse con uno dei punti della retta stessa.

Ottenuti i valori del cromatogramma di controllo si è verificato che questi rispettassero il seguente criterio di accettabilità:

la differenza tra il valore reale di concentrazione (B_1, B_2, G_1, G_2) della soluzione ed il valore estrapolato dalla retta di taratura non deve essere superiore al 5 %.

L'esito positivo di tale controllo ha consentito la riqualifica della retta di taratura in uso e ha verificato il corretto funzionamento del sistema. A questo punto si è passati all'iniezione del campione.

Posizionata la vial nell'autocampionatore si è dato il via all'analisi. Il volume di iniezione (V6), ossia la quantità di campione analizzato, è stato pari a 50µl.

La corsa cromatografica è durata 20 minuti, al termine dei quali il software, tramite precisi parametri di integrazione, ha registrato i valori relativi ai tempi di ritenzione ed aree dei picchi delle aflatossine, se presenti (figura 25).

Le aflatossine eluiscono secondo un ordine ben preciso: G_2, G_1, B_2, B_1 con tempi di ritenzione di circa 9 – 11 – 12 – 15 min. rispettivamente, in funzione dell'affinità che esse hanno con la fase stazionaria.

Per l'identificazione dei picchi ci si è basati sulla sovrapposizione del cromatogramma di controllo confrontando così i tempi di ritenzione di quest'ultimo con quelli del campione (metodo dello standard esterno).

L'utilizzo del cromatogramma di controllo è stato necessario anche per il calcolo del recupero, confrontando i valori ottenuti con il "valore vero".

Sono stati ritenuti soddisfacenti tutti quei valori di recupero che rientravano nel range dei valori considerati accettabili dal Reg. (CE) n. 401/2006.

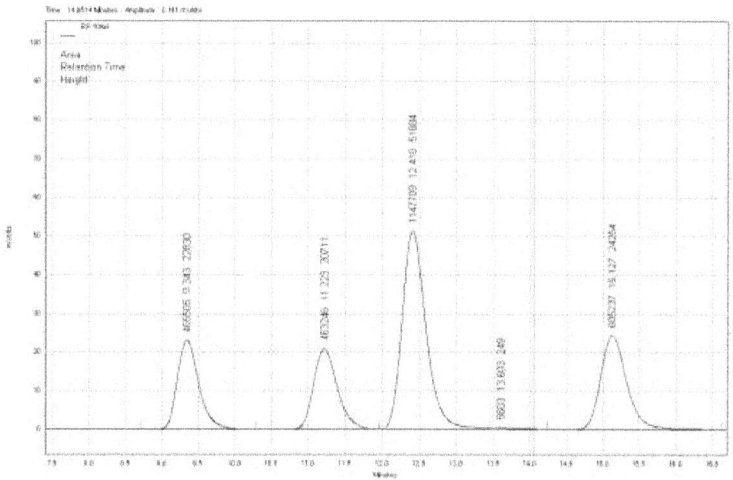

Fig.25: Esempio di cromatogramma con le quattro aflatossine.

2.4   Calcolo ed espressione dei risultati

E' stata innanzitutto calcolata la massa del campione (m_t), come grammi di massa presenti nella frazione del secondo filtrato (V4) utilizzando l'equazione:

$$m_t = m_o \, x \, \frac{V_2 x V_4}{V_1 x V_3}$$

dove:

m_o= è la massa del campione testato, in grammi (= 25 g);

V1 = è il volume totale del primo filtrato, in ml (V1 = 125 ml);

V2 = è la frazione di volume del primo filtrato, in ml (V2 = 15 ml);

V3 = è il volume totale del secondo filtrato, in ml (V3 = 45 ml),

101

V4 = è la frazione di volume del secondo filtrato, in ml (V4 = 12,6 ml).

A questo punto è stata calcolata la frazione di massa di ogni aflatossina w_i, in µg/kg (metodo dello standard esterno), utilizzando l'equazione:

$$w_i = \frac{V_5 x\, m_i}{V_6 x\, m_t}$$

dove:

- V5 è il volume di eluato, in microlitri (V5 = 2000 µl);
- V6 è il volume di eluato iniettato, in microlitri (V6 = 50 µl);
- m_i è la massa di ogni aflatossina *i* corrispondente all'area picco o all'altezza del picco lette dalla retta di taratura presente nel volume di iniezione, in ng;
- m_t è la massa del campione in grammi presente nella frazione del secondo filtrato utilizzato per la colonna di IA (V4) in accordo all'equazione precedente.

I risultati analitici sono stati espressi in µg/kg con 2 cifre decimali; per i valori ottenuti compresi tra LoD ed LoQ è stato indicato il risultato come "tracce" mentre, per i valori inferiori all' LoD è stato indicato come risultato "n.r." (non rilevato).

Ad ogni risultato viene associata l'incertezza di misura.

3. *Aspergillus flavus* o *Aspergillus parasiticus*

Il crescente numero di analisi relative alla determinazione di aflatossine su matrici come mangime, pistacchio e suoi derivati, dai riscontri ottenuti nei laboratori ci consente di fare alcune considerazioni.

Benché i risultati mettano in evidenza una situazione che potremmo impropriamente definire innocua, dato l'esiguo numero di contaminazioni rilevate, si pone nuovamente l'attenzione su un problema già discusso nei paragrafi precedenti ovvero delle infezioni fungine, ma ciò che risulta ancora più interessante è la deduzione di quale sia la specifica specie fungina prevalente, in funzione del tipo di aflatossine più frequentemente riscontrate.

Secondo buona parte delle ricerche bibliografiche si può ragionevolmente pensare che il ceppo più presente sia l'*Aspergillus parasiticus*, che tra i due ceppi più noti di natura tossicologica capaci di sintetizzare le aflatossine, ovvero l'*A. flavus* e l'*A. parasiticus*, è il solo in grado di produrle tutte e quattro (vedi capitolo Micotossine).

Però, esaminando un caso specifico che ha riguardato le analisi di un laboratorio nell'arco del triennio 2011-2013 si assiste ad una situazione del tutto inaspettata: di tutti i campioni analizzati di origine vegetale, quelli su cui è stata riscontrata contaminazione da aflatossine B_1 e B_2 sono esattamente il 60% contro il restante 40% dove naturalmente la contaminazione è di aflatossine B_1, B_2, G_1 e G_2; questo significa che l'infezione più frequente è quella da *Aspergillus flavus* (istogramma 2).

Incidenza delle infezioni da *Aspergillus* rilevate nei campioni contaminati, di origine vegetale, nel triennio 2011-2013

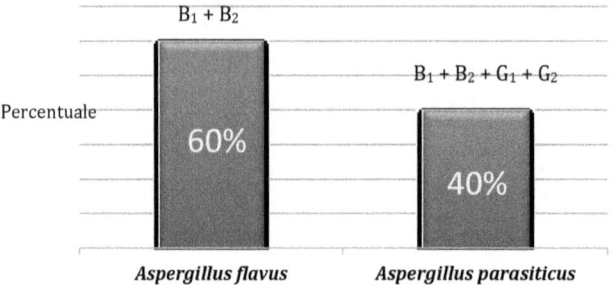

Istogr.2: Differenza, in percentuale, tra la contaminazione da *Aspergillus flavus* ed *Aspergillus parasiticus* che ha interessato i campioni di origine vegetale, analizzati nel triennio 2011-2013, in cui sia stata rilevata la presenza di aflatossine.

Come spiegare tutto ciò?

Va ricordato che questi ceppi crescono e si sviluppano richiedendo le medesime condizioni ambientali e sono entrambi considerati "muffe da magazzino", quindi è facile presumere che in fase di stoccaggio, possano coesistere; però l'*A. flavus* è più rappresentato nelle contaminazioni dei mangimi, piuttosto che nei pistacchi o nella pasta pura, che sembrano essere preferiti dall'*A. parasiticus*.

Non vi è dubbio che il substrato fa la differenza, in accordo a quanto riscontrato da Huwig (2001), secondo cui sembra esistere un "legame" tra il fungo produttore e la matrice di accrescimento dello stesso; bisogna però valutare anche la possibile competitività tra questi due funghi, argomento purtroppo su cui la letteratura non è stata sufficientemente esaustiva.

Per avere una spiegazione plausibile dobbiamo tornare indietro, nel lontano 1978, quando Calvert *et al.* misero in evidenza la potenziale competitività tra i due ceppi, concludendo che in presenza dello stesso substrato la maggiore crescita era a favore dell'*Aspergillus flavus*. Qualche anno dopo si appurò che, in condizioni isolate, l'*Aspergillus parasiticus* mostrava una maggiore capacità a produrre aflatossine di quanto non facesse l'*Aspergillus flavus* (Angle *et al.*, 1982).

Queste evidenze ci forniscono la risposta.

Il mais ed i mangimi composti, sono più soggetti a contaminazione da *Aspergillus flavus*, in quanto esso cresce preferenzialmente in questi substrati, da solo e tende a prevalere in condizioni di competitività, mentre predilige meno substrati come il pistacchio, su cui si riscontra maggiore infezione da *A. parasiticus*, capace di generare elevate concentrazioni di aflatossine. In effetti le concentrazioni di aflatossine rilevate nei mangimi, semplici e composti, mostrano valori più bassi rispetto ai valori osservati nei pistacchi e derivati.

Purtroppo, però, dobbiamo ricordare che la presenza di tossine non implica necessariamente la presenza del fungo produttore e viceversa, per questa ragione è doveroso precisare che le considerazioni finora esposte, possono ritenersi delle interessanti osservazioni che meritano il dovuto approfondimento.

4. Obblighi e "regole decisionali" di un laboratorio di analisi relativamente a risultati non conformi alle normative vigenti

Obblighi del laboratorio

A tale riguardo si rimanda al Decreto di Legge Lorenzin che in tema di sicurezza alimentare garantisce i controlli sulla sicurezza dei prodotti alimentari prima che vengano distribuiti verso Paesi esteri; introduce misure indispensabili per aumentare l'efficacia dei controlli ufficiali in materia di sicurezza alimentare, riducendo i rischi di insorgenza di eventuali situazioni "emergenziali" per la salute; autorizza il Ministero della Salute a realizzare un sistema informativo denominato Sistema Informativo Nazionale Veterinario per la Sicurezza Alimentare (S.I.N.V.S.A.) per il governo della sicurezza della catena alimentare.

Nell'ambito della sicurezza veterinaria, poi, intende dare una maggiore effettività alle norme poste a protezione degli animali, anche in considerazione dell'accresciuta sensibilità dell'opinione pubblica e della posizione assunta in tema di benessere degli animali dall'Unione europea (*www.quotidianosanita.it/governo-e-parlamento/articolo.php?approfondimento_id=4568*).

"Regole decisionali": confronto del risultato della misura con il valore limite (VL)

L'utilizzo di regole decisionali diverse nei diversi centri di misura, come nei laboratori di prova, a fronte di misure col medesimo risultato, può portare a valutazioni diverse e quindi impedire la confrontabilità di tali misure. A tal riguardo, l'EURACHEM/CITAC costituisce una buona guida in merito alle regole decisionali da utilizzare, alle espressioni numeriche dei valori a confronto ed agli schemi procedurali.

Secondo queste linee guida, devono essere seguiti i seguenti principi generali:

- Se le norme di riferimento, tecniche o di legge, indicano espressamente le regole decisionali per l'analisi di conformità, queste devono essere utilizzate.

  Esempio sono i regolamenti relativi ai controlli ufficiali dei tenori di piombo, cadmio, mercurio o dei livelli di diossina nei prodotti alimentari;

- Se le norme di riferimento non indicano le regole decisionali, per l'analisi di conformità deve essere utilizzato un criterio probabilistico che considera il risultato della misura (R) non conforme quando risulta maggiore del VL con una probabilità maggiore del 95%. Ovvero il campione è non conforme al VL quando il risultato della misura supera il VL oltre ogni ragionevole dubbio cioè tenendo conto dell'incertezza di misura (U), stimata ad un livello di confidenza del 95%.

L'incertezza di misura associata al risultato analitico fornisce uno strumento per la valutazione di conformità, nei casi in cui la norma di riferimento non dà indicazioni sulle regole decisionali da adottare. In questi casi, invece di confrontare direttamente il valore misurato con il valore limite stabilito dalla normativa, si potrà effettuare la valutazione di conformità confrontando l'intervallo di accettazione con l'intervallo costituito dall'incertezza associata alla migliore stima del "valore vero". Sulla base di questo confronto, si possono prendere le seguenti decisioni: la matrice è conforme, nel seguito definito "NON non conforme", oppure la matrice è "non conforme" (EURACHEM/CITAC).

Per comprendere meglio si consideri l'esempio in figura 26:

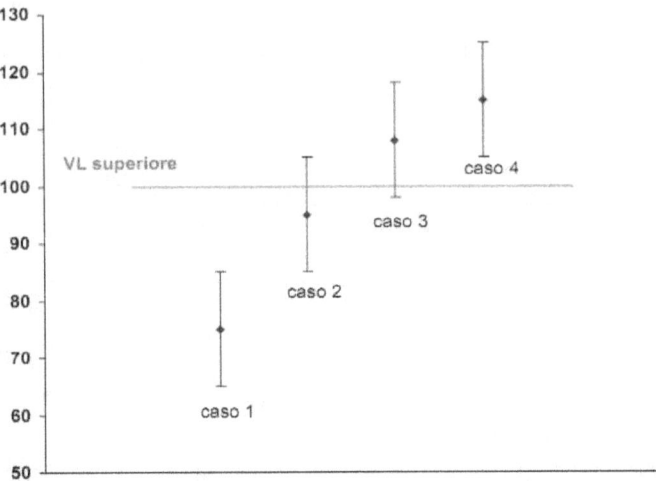

Fig.26: Esempio di regole decisionali: casi in cui si deve stabilire la conformità di un risultato analitico rispetto al valore limite.

La figura rappresenta i risultati di quattro misure diverse e le loro incertezze di misura.

Si supponga che le regole decisionali non siano definite nelle norme di riferimento, quindi varranno quelle descritte nella guida EURACHEM/CITAC.

Al caso 4 della figura corrisponderà una sicura situazione di "non conformità" rispetto il VL. Ai casi 1 e 2 corrispondono situazioni di "NON non conformità".

Il caso 3 necessita invece del calcolo della *"guard band"* indicata dall'espressione :

$$g = k'_{0,95} * u_c$$

dove il fattore K' dipende dai gradi di libertà e u_c = incertezza tipo composta.

Solo se R-g > VL potrà essere stabilita la non conformità "oltre ogni ragionevole dubbio" altrimenti, se R-g ≤ VL non è possibile stabilire la non conformità rispetto al

VL, piuttosto esso potrà essere considerato "raggiunto" e di questo potrà essere fornito commento, ad esempio, con l'espressione: "Il valore misurato, tenuto conto dell'incertezza, non risulta significativamente maggiore del VL, al livello di confidenza del 95%"(UNI CEI ENV 13005:2000).

Nel caso dell'espressione dei risultati, se non indicato nella norma tecnica di riferimento, essi devono essere espressi in modo da riflettere le reali caratteristiche del metodo di prova, per esempio, conformemente con EA-4/16 al fine di non rinunciare ad alcuna informazione della misura.

5. CONCLUSIONI

Abbiamo iniziato quest'esperienza trattando un tema di grande interesse: la sicurezza alimentare.

Un argomento che abbraccia diversi settori, preso in seria considerazione dal singolo individuo, continuamente alla ricerca della garanzia e della qualità dei prodotti, ma soprattutto dall'Unione europea che ne ha fatto l'obiettivo primario, al fine di assicurare lo stato di salute dell'uomo e degli animali.

Le continue linee di indirizzo e normative emanate dalla stessa UE, dimostrano come si cerchi di garantire e migliorare la sicurezza alimentare, implementando l'efficienza dei controlli, a partire da quelli di frontiera (import-export) fino all'analisi di laboratorio.

L'obiettivo dell'UE, in tal senso, sembra raggiunto.

Sono i rapporto del RASFF, facilmente reperibile sul sito del Ministero della Salute a confermare ciò. Secondo i report degli ultimi anni l'Italia, tra i Paesi membri dell'UE, si colloca al primo posto in termini di notifiche inviate (*prodotti ricevuti*) alla Commissione europea ed al sesto posto per notifiche ricevute (*prodotti inviati*). La Cina, seguita dal Brasile e dall'India, è il Paese con il maggior numero di irregolarità dei propri prodotti.

I principali pericoli registrati riguardano la Salmonella, l'Epatite A in alcuni mix di frutti di bosco surgelati e le micotossine, ma molto incoraggiante il confronto rispetto agli anni passati, per cui si è registrata una diminuzione delle irregolarità soprattutto per la frutta ed i vegetali in genere, a fronte di una situazione non troppo gradevole del 2012, causa di ingenti e serie perdite economiche, stando a quanto dichiarato da Amedeo Reyneri, docente di Filiere cerealicole e delle colture industriali erbacee all'Università di Torino.

Questo miglioramento, registrato negli anni, a meno di situazioni imprevedibili causate da condizioni climatiche avverse, come quelle verificatisi negli anni 2003 e 2012 (Andreotti L. 2012; Reyneri *et al.*, 2012), non può che offrire la garanzia di una situazione "sanitaria" sia dei prodotti destinati all'alimentazione animale che di quelli destinati al consumo umano, ben gestita e assolutamente rassicurante.

6. BIBLIOGRAFIA

6.1 Riferimenti normativi

COM(97) 176 definitivo del 30.04.1997. *LIBRO VERDE* della Commissione sui *principi generali della legislazione in materia alimentare nell'Unione europea.*

COM(1999) 719 definitivo del 12.01.2000. *LIBRO BIANCO sulla sicurezza alimentare.*

COM(2012) 6 final/2 del 15.02.2012, Comunicazione della Commissione al Parlamento Europeo, al Consiglio e al Comitato Economico e Sociale Europeo sulla *Strategia dell'Unione europea per la protezione e il benessere degli animali 2012-2015.*

Decreto Legislativo 17 giugno 2003 n. 223. *Attuazione delle direttive 2000/77/CE e 2001/46/CE relative all'organizzazione dei controlli ufficiali nel settore dell'alimentazione animale.*

Decreto Legislativo 10 maggio 2004 n. 149. *Attuazione della direttiva 2001/102/CE, della direttiva 2002/32/CE, della direttiva 2003/57/CE e della direttiva 2003/100/CE, relative alle sostanze ed ai prodotti indesiderabili nell'alimentazione degli animali.*

DIRETTIVA 92/59/CE del Consiglio, del 29 giugno 1992, *relativa alla sicurezza generale dei prodotti.*

DIRETTIVA 97/78/CE del Consiglio, del 18 dicembre 1997, che *fissa i principi relativi all'organizzazione dei controlli veterinari per i prodotti che provengono dai paesi terzi e che sono introdotti nella Comunità.*

DIRETTIVA 2002/32/CE del Parlamento Europeo e del Consiglio del 7 maggio 2002, *relativa alle sostanze indesiderabili nell'alimentazione degli animali.*

EN ISO 6497:2002. *Animal feeding stuff - Sampling.*

ISO 8402:1986. *Quality – Vocabulary.*

ISO 9000:2000. *Quality management systems - Fundamentals and vocabulary.*

ISO 16050:2003. *Determination of aflatoxin B1, and the total content of aflatoxins B1, B2, G1 and G2 in cereals, nuts and derived products - High-performance liquid chromatographic method.*

ISO 9000:2005. *Quality management systems - Fundamentals and vocabulary.*

REGOLAMENTO (CE) n. 178/2002 del Parlamento Europeo e del Consiglio del 28 gennaio 2002 *che stabilisce i principi e i requisiti generali della legislazione alimentare, istituisce l'Autorità europea per la sicurezza alimentare e fissa procedure nel campo della sicurezza alimentare.*

REGOLAMENTO (CE) n. 852/2004 del Parlamento Europeo e del Consiglio del 29 aprile 2004 *sull'igiene dei prodotti alimentari.*

REGOLAMENTO (CE) n. 853/2004 del 24 aprile 2004 *che stabilisce norme specifiche in materia di igiene per gli alimenti di origine animale.*

REGOLAMENTO (CE) n. 854/2004 del 29 aprile 2004 *che stabilisce norme specifiche per l'organizzazione di controlli ufficiali sui prodotti di origine animale destinati al consumo umano.*

REGOLAMENTO (CE) n. 882/2004 del Parlamento Europeo e del Consiglio del 29 aprile 2004 *relativo ai controlli ufficiali intesi a verificare la conformità alla normativa in materia di mangimi e di alimenti e alle norme sulla salute e sul benessere degli animali.*

REGOLAMENTO (CE) n. 183/2005 del Parlamento Europeo e del Consiglio del 12 gennaio 2005 *che stabilisce requisiti per l'igiene dei mangimi.*

REGOLAMENTO (CE) n. 2073/2005 della Commissione del 15 novembre 2005 *sui criteri microbiologici applicabili ai prodotti alimentari.*

REGOLAMENTO (CE) n. 2074/2005 della Commissione del 5 dicembre 2005 *recante modalità di attuazione relative a taluni prodotti di cui al Regolamento (CE) n. 853/2004 del Parlamento europeo e del Consiglio e all'organizzazione di controlli ufficiali a norma dei Regolamenti del Parlamento europeo e del Consiglio (CE) n. 854/2004 e (CE) n. 882/2004, deroga al Regolamento (CE) n. 852/2004 del Parlamento europeo e del Consiglio e modifica dei Regolamenti (CE) n. 853/2004 e (CE) n. 854/2004.*

REGOLAMENTO (CE) n. 2075/2005 della Commissione del 5 dicembre 2005 *che definisce norme specifiche applicabili ai controlli ufficiali relativi alla presenza di Trichine nelle carni.*

REGOLAMENTO (CE) n. 2076/2005 della Commissione del 5 dicembre 2005 *che fissa disposizioni transitorie per l'attuazione dei regolamenti del Parlamento europeo e del Consiglio (CE) n. 853/2004, (CE) n. 854/2004 e (CE) n. 882/2004 e che modifica i regolamenti (CE) n. 853/2004 e (CE) n. 854/2004.*

REGOLAMENTO (CE) n. 401/2006 della Commissione del 23 febbraio 2006 *relativo ai metodi di campionamento e di analisi per il controllo ufficiale dei tenori di micotossine nei prodotti alimentari.*

REGOLAMENTO (CE) n. 1881/2006 della Commissione del 19 dicembre 2006, *che definisce i tenori massimi di alcuni contaminanti nei prodotti alimentari.*

REGOLAMENTO (CE) n. 152/2009 della Commissione del 27 gennaio 2009 *che fissa i metodi di campionamento e d'analisi per i controlli ufficiali degli alimenti per gli animali.*

REGOLAMENTO (CE) n. 669/2009 della Commissione del 24 luglio 2009 *recante modalità di applicazione del Regolamento (CE) n. 882/2004 del Parlamento europeo e del Consiglio relativo al livello accresciuto di controlli ufficiali sulle importazioni di alcuni mangimi e alimenti di origine non animale e che modifica la decisione 2006/504/CE della Commissione.*

REGOLAMENTO (CE) n. 1152/2009 della Commissione del 27 novembre 2009 *che stabilisce condizioni particolari per l'importazione di determinati prodotti alimentari da alcuni paesi terzi a causa del rischio di contaminazione da aflatossine.*

REGOLAMENTO (UE) n. 165/2010 della Commissione del 26 febbraio 2010, *recante modifica, per quanto riguarda le aflatossine, del Regolamento (CE) n. 1881/2006 che definisce i tenori massimi di alcuni contaminanti nei prodotti alimentari.*

REGOLAMENTO (UE) n. 574/2011 della Commissione del 16 giugno 2011, *che modifica l'allegato I della Direttiva 2002/32/CE del Parlamento europeo e del Consiglio per quanto riguarda i livelli massimi di nitrito, melamina, Ambrosia spp. e carry-over di alcuni coccidiostatici e istomonostatici e che consolida gli allegati I e II.*

SANCO/1208/2005 rev. 1. *Guidance document for competent authorities for the control of compliance with EU legislation on aflatoxins.*

UNI CEI EN 45002:1990. *Criteri generali per la valutazione dei laboratori di prova.*

UNI CEI EN ISO/IEC 17011:2005. *Valutazione della conformità - Requisiti generali per gli organismi di accreditamento che accreditano organismi di valutazione della conformità.*

UNI CEI EN ISO/IEC 17025:2005. *Requisiti generali per la competenza dei laboratori di prova e di taratura.*Commissione "UNI-CEI" Normative quadro per le attività di certificazione. Norma Italiana.

UNI CEI ENV 13005:2000. *Guida all'espressione dell'incertezza di misura.*

UNICHIM (1999). *Manuale Unichim 179/0: Linee guida per la convalida dei metodi analitici nei laboratori chimici – Criteri generali.*

UNI EN ISO 12955:1999. *Prodotti alimentari - Determinazione di aflatossina B_1 e della somma di aflatossine B_1, B_2, G_1 e G_2 nei cereali, frutti in guscio e prodotti derivati - Metodo per cromatografia liquida ad alta risoluzione con derivazione post-colonna e purificazione in colonna di immunoaffinità.*

UNI EN ISO 14675:2003. *Latte e prodotti del latte - Linee guida per una descrizione normalizzata di prove immuno-enzimatiche competitive - Determinazione del contenuto di aflatossina M_1.*

UNI EN ISO 16050:2011. *Prodotti alimentari - Determinazione di aflatossina B_1 e del contenuto totale di aflatossine B_1, B_2, G_1 e G_2 nei cereali, nelle noci e nei prodotti derivati - Metodo per cromatografia liquida ad alta risoluzione.*

6.2 Letteratura scientifica

Andreotti L. (2012). *Aflatossine nel mais, per il momento niente deroghe.* L'Informatore Agrario, 36,12-13.

Afuso F., Bailoni L., Bonino C., Causin R., De Liguoro M., Disegna L., Duso C., Furlan L., Gaspari E., Mosca G., Tealdo E., Vio P. (2006). *Mais e sicurezza alimentare.* Veneto Agricoltura, 7, 1-104.

Angle J.S., Dunn K.A., Wagner G.H. (1982). *Effect of Cultural Practices on the Soil Population of Aspergillus flavus and Aspergillus parasiticus.* Soil Science Society of American Journal, 46, 2, 301-304.

ACCREDIA RT-08 rev. 2 dell'11.09.2012 relativo alle *prescrizioni per l'accreditamento dei laboratori di prova.*

ARPA Piemonte (2011). *Il rischio micotossine in Piemonte.* La collana "I quaderni di Arpa Piemonte", (*www.arpa.piemonte.it/pubblicazioni-2/pubblicazioni-anno-2010/il-rischio-micotossine-in-piemonte*).

Baccarini G., Villani A. (2013). *Aflatossine nel mais, arrivano le linee guida per gli stoccatori.* Terra e Vita, 4, 8-10.

Bakirci I. (2001). *A study on the occurrence of aflatoxin M1 in milk and milk products produced in Van province of Turkey.* Food Control, 12, 45-47.

Ballarini G. (1994). *Malattie della bovina da latte ad alta produzione (BLAP).* Edagricole, Bologna.

Barug D., Van Egmond H., López Garzía R., Van Osenbruggen T., Visconti A. (2004). *Meeting the Mycotoxin Menace.* Wageningen Academic Publishers, The Netherlands, 166-167.

Bata A., Lasztity R. (1999). *Detoxification of mycotoxin-contaminated food and feed by microorganisms.* Trends in Food Science & Technology,10, 223-228.

Battilani P., Pietri A., Marocco A. (2006). *Micotossine, nuovi problemi e maggiore attenzione per il mais (Zea mays).* Agricoltura e Salute, Agronomica, 3, 41-47.

Benedetti E., Cucinotta V., Giannetto P., Innorta G., Ortaggi G., Pedone C., Pellerito L., Rocchi R., Vaglio G.A. (1995). *Chimica in laboratorio. Fondamenti ed esercitazioni.* Editoriale Grasso, 59-93.

Biancardi A., Aimo C., Piazza P., Piro R. (2012). *Tecniche di screening e conferma: il caso aflatossina M_1.* Rapporti ISTISAN 13/18, 8-15.

Bittante G., Andrighetto I., Ramanzin M. (1990). *Fondamenti di zootecnica, Miglioramento Genetico, Nutrizione e Alimentazione.* Ed. Liviana, 351-438.

Bonomi A., Quarantelli A., Bonomi B.M., Cabassi E., Corradi A., Di Lecce R. (1997). *La contaminazione delle razioni per scrofe con aflatossine B1 e/o G1. Effetti sulle performances produttive della prole nelle fasi di accrescimento e di ingrasso.* La rivista di scienze dell'alimentazione, 26, 2, 42-60.

Brambell F.W.R. (1965). *Report of the Technical Committee to enquire into the welfare of livestock kept under intensive husbandry conditions.* Document 2836, London Her Majesty's Stationary Office.

British Farm Animal Welfare Council (1979). *Press Statement from the Farm Animal Welfare Council.* Government Buildings, Hook Rise South, Tolworth, Subirton, Surrey, UK.

Broh R.A. (1982). *Managing Quality for Higher Profits.* McGraw-Hill, New York.

Broom D.M. , Johnson K.G. (1993). *Stress and Animal Welfare.* Chapman and Hall, London, England.

Bullerman L.B. (2003). *Mycotoxin. Classifications.* Encyclopedia of Food Sciences and Nutrition (Second Edition), 4080–4089.

Cabassi E., Miduri F., Lombardi G., Losio M.N., Fusari A., Corradi A. (2003). *Aflatossicosi indotta e risposta immunitaria in scrofe gravide: effetti della supplementazione con vitamina A e vitamina E.* Atti della Società Italiana di Patologia ed Allevamento dei Suini 2003, XXIX Meeting Annuale, Salsomaggiore Terme, Italy. Societa Italiana di Patologia ed Allevamento dei Suini, Parma, Italy, 385-392.

Cabras P., Martelli A. (2004). *Chimica degli alimenti.* Ed. Piccin, Padova, 649-685.

Caloni F., Gulden P., Cortinovis C. (2010). *Aflatossicosi nell'equino.* Tossicologia, Ippologia, 21, 1, 43-46.

Calvert O.H., Lillehoj E.B., Kwolek W.F., Zuber M.S. (1978). *Aflatoxin B1, and G1 production in developing Zea mays kernels from mixed inocula of Aspergillus flavus and A. parasiticus.* Phytopathology, 68, 501-506.

Ceruti A., Ceruti M., Vigano G. (1993). *Botanica medica farmaceutica e veterinaria con elementi di biologia vegetale.* Zanichelli, Bologna, 146-187.

Cevolani D. (2005). *Gli alimenti per la vacca da latte. Materie prime e razioni per bovine ad alta produzione.* Edagricole, 41-54.

Chu F.S. (2003). *Mycotoxins. Toxicology.* Encyclopedia of Food Sciences and Nutrition (Second Edition), 4096–4108.

Ciaccia D., Moro R., Morreale A. (2013). *L'andamento del settore agricolo nel 2012.* AgriRegioniEuropa, 9, 34, 101-102.

Cole R.J., Cox R.H. (1981). *Handbook of Toxic Fungal Metabolites.* Academic Press, New York, 1-66.

D'Mello J.P.E., MacDonald A.M.C. (1997). *Mycotoxins.* Animal Feed Science Technology, 69, 155-166.

Davis N.D., Diener U.L. (1968). *Growth and aflatoxin production by Aspergillus parasiticus from various carbon sources.* Applied Microbiology, 16, 158-159.

De Liguoro M. (2006). *Micotossine: aspetti tossicologici per gli animali e per l'uomo.* Mais e Sicurezza Alimentare, Veneto Agricoltura, 7, 85-95.

De Mattia M., Farre A., Camoriano A., Campagna A., Mofferdin A., Lobrano M. (2005). *Ruolo dell'USMAF di Genova.* Rapporti ISTISAN 05/42, 124-125.

Dell'Orto V., Savoini G. (2005). *Alimentazione della vacca da latte. Gestione "responsabile" dell'alimentazione per ottenere latte di alto standard qualitativo.* Edagricole, Bologna, 33-44.

Deserti R., Frisio D. (2000). *Le biotecnologie applicate all'agricoltura: nuovi scenari per l'industria agro chimica e sementiera.* L'Industria, 21, 1, 133-157.

Devegowda G. (1999). *Micotoxinas: assassions escondidos nas rações animais.* Feeding Times, New York, 1, 1, 13-17.

Dewick P.M. (2001). *Chimica, Biosintesi e Bioattività delle Sostanze Naturali.* Ed. Piccin, Padova, 32-104.

Dilkin P., Zorzete P., Mallmann C.A., Gomes J.D.F., Utiyama C.E., Oetting L.L., Correa B. (2003). *Toxicological effects of chronicol low doses of aflatoxin B1 and fumonisin B1 containing fusarium moniliforme culture material in weaned piglets.* Food and Chemical Toxicology, 41, 1345-1353.

Dragacci S., Gleizes E., Fremi J.M., Candlish A.A.G. (1995). *Use of immunoaffinity chromatografy as a purification step for the determination of aflatoxin M1 in cheese.* Food Additives and Contaminants, 12, 1, 59-65.

EA-4/16 – *EA guidelines on the expression of uncertainty in quantitative testing* – December 2003 rev 00.

6. BIBLIOGRAFIA – 6.2 Letteratura scientifica

EFSA (2012). _Guidance on Risk Assessment for Animal Welfare._ EFSA Journal 2012, 10, 1, 2513.

Ehrlich K.C., Cary J.W., Montalbano B.G. (1999). _Characterization of the promoter for the gene encoding the aflatoxins biosynthetic pathway regulation protein, AFLR._ Biochimical et Biophysical Acta, 1444, 412-417.

EURACHEM/CITAC Guide – _Use of uncertainty information in compliance assessment_ – First Edition 2007.

Ewaidah E.H. (1987). _Aflatoxin M in Milk._ A Review. Journal of King Saud University, 1, 37-55.

FAO (1996). _Rome Declaration on World Food Security._ Rome Italy. (www.fao.org/docrep/003/w3613e/w3613e00.htm).

Ferrieri F., Amenduni C., Battista N., Brunetti A., Corte G., Intini N., Leonetti E., Lo Greco F., Palma M., Santoro T., Fiume F. (2011). _Monitoraggio della contaminazione da micotossine in prodotti alimentari: attivita' 2008- 2010._ Polo di Specializzazione Alimenti, ARPA Puglia-Bari, 1-20.

Fujimoto H. (2002). _Mycotoxins. Classification, occurence and determination._ Encyclopedia of Dairy Sciences, 2079-2087.

Galvano F., Pietri A., Bertuzzi T., Gagliardi L., Ciotti S., Luisi S. (2008). _Maternal dietary habits and mycotoxin occurrence in human mature milk._ Molecular Nutrition & Food Research, 52, 496–501.

Gaspari A., Ritieni A. (2008). _Manuale HACCP per la prevenzione e il controllo delle Micotossine nelle produzioni alimentari._ CIISCAM, Roma, 34-73.

Geiser D.M., Pitt J.I., Taylor J.W. (1998). _Cryptic speciation and recombination in the aflatoxin-producing fungus Aspergillus flavus._ Proceedings of the National Academy of Sciences of the United States of America, 95, 388-393.

Goto T., Wicklow D.T., Ito Y. (1996). _Aflatoxin and cyclopiazonic acid production by a sclerotium producing Aspergillus tamarii strani._ Applied and Environmental Microbiology, 62, 4036-4038.

Hamilton P.B. (1984). _Determining safe levels of mycotoxins._ Journal of Food Protection, 45, 570-575.

Hartley R.D., Nesbitt B.F., O' Kelly J. (1963). _Toxic metabolites of Aspergillus flavus._ Nature (London), 198, 1056-1058.

Holzapfel C.W., Steyn P.S., Purchase I.F.H. (1966). *Isolation and structure of aflatoxins M1 and M2*. Tetrahedron Letters, 25, 2799-2805.

Howard S.R., Eaton D.L. (1990). *Species susceptibility to Aflatoxin B1 carcinogenesis*. Cancer Research, 50, 615-620.

Hsieh D., Wong J.J. (1994). *Pharmacokinetics and Excretion of Aflatoxins*. The Toxicology of Aflatoxins: Human Health, Veterinary and Agricultural Significance (Eaton, D.L., Groopman, J., Eds), Academic Press, New York, 7388.

Hsieh D.P.H. (1987). *Modes of action of mycotoxin*. Mycotoxin in food, Krogh, P., Editor, Academic Press, London, 149-176.

Hughes B.O. (1976). *Behaviour as an index of welfare*. Proceeding V European Poultry Conference, Malta, 1005-1018.

Hurnik J.F., Lehman H. (1988). *Ethics and farm animal welfare*. Journal of Agricultural Ethics, 305-318.

Hussein S.H., Brasel J.M. (2001). *Toxicity, metabolism and impact of mycotoxins on humans and animals*. Toxicology, 167, 101-134.

Huwig A., Freimund S., Kappeli O., Dutler H. (2001). *Mycotoxin detoxication of animal feed by different adsorbent*. Toxicology Letters, 122, 179–188.

Iqbal S.Z., Asi M.R., Ariño A. (2013). *Aflatoxins*. Brenner's Encyclopedia of Genetics (Second Edition), 1, 43-47.

Jaimez J., Fente C. A., Vazquez B.I., Franco C.M., Cepeda A., Mahuzier G., Prognon P. (2000). *Application of the assay of aflatoxins by liquid chromatography with fluorescence detection in food analysis*. Journal of Chromatography A, 882, 1-10.

Jay J. M. (2009). *Microbiologia degli alimenti*. Springer-Verlag, Italia, 763-777.

JECFA (2001). *Aflatoxin M_1 in "Safety evaluation of certain mycotoxins in food"*. Food Additive Series N° 47/FAO Food and Nutrition Paper 74.

Kiessling K.H., Pettersson H., Sandholm H., Olsen M. (1984). *Metabolism of aflatoxin, ochratoxin, zearalenone, and three tricothecenes by intact rumen fluid, rumen protozoa, and rumen bacteria*. Applied and Environmental Microbiology, 47, 1070-1073.

Koehler P.E., Beuchat L.R., Chinnan M.S. (1985). *Influence of temperature and water activity on aflatoxin production by Aspergillus flavus in cowpea seeds and meal*. Journal of Food Protection, 48, 1040–1043.

Kos J., Mastilovic J., Janic Hajnal E., Saric B. (2013). *Natural occurrence of aflatoxins in maize harvested in Serbia during 2009-2012.* Food Control, 34, 31-34.

Krogh P., Hald B., Englund P., Rutqvist L., Swahn, O. (1974). *Contamination of Swedish cereals with ochratoxin A.* Acta Pathologica, Microbiologica Scandinavica [B] Microbiology Immunology, 82, 2, 301-302.

Larsson P., Tjalve H. (1996). *Bioactivation of aflatoxin B1 in the nasal and tracheal mucosa in swine.* Journal of Animal Science, 74, 1652-1680.

Macrì M.C. (2012). *Il benessere degli animali da produzione.* Istituto Nazionale di Economia Agraria, INEA, 57-75.

Masri M.S., Paye J.R., Garcia V.C. (1969). *Analysis for aflatoxin M in milk.* Journal of the Association of Official Analytical Chemists, 51, 594-600.

McMullen M., Jones R., Gallenberg D. (1997). *Scab of wheat and barley: a reemerging disease of devastating impact.* Plant Disease, 81, 1340-1348.

Miraglia M., De Santis B., Brera C. (2008). *Climate change: Implications for mycotoxin contamination of foods.* Journal of Biotechnology, 136, 711–716.

Mosca G. (2006). *Gestione del rischio micotossine nella filiera produttiva del mais.* Mais e Sicurezza Alimentare, Veneto Agricoltura, 5, 30-36.

Nathalie L. (2011). *A study on Aspergillus flavus. Biochemical characterization of Aspergillus flavus.* Technical Report. GRIN Verlag, 1-20.

Nesbitt B.F., O' Kelly J., Sargeant K., Sheridan A. (1962). *Aspergillus flavus and Turkey X Disease: toxic metabolites of Aspergillus flavus.* Nature (London), 195, 1062-1063.

Northolt M.D., Van Egmond H.P. (1981). *Limits of water activity and temperature for the production of some mycotoxins.* 4th Meeting Mycotoxins in Animal Disease, 106-108.

O'Neil M.J., Smith A., Heckelman P.E. (2001). *The Merck Index.* 13th ed., Whitehouse Station, Merck, N.J., & Co., 34-35.

Oakland J.S. (1989). *Quality and Reliability Engineering International.* Heinemann Professional Publishing, Oxford, 5, 339.

Paterson R.R.M., Lima N. (2011). *Further mycotoxin effects from climate change.* Food Research International, 44, 2555–2566.

Patterson D.S.P., Shreeve B.J., Roberts B.A. (1978). *Mycotoxin residues in body fluids and tissues of food-producing animals.* Proceedings of the 12th International Congress Microbiology, Munchen, Federal Republic of Germany, Sept.3-8.

Pavesi M., Palma A., Savoini G. (2004). *Abbattimento del tenore di aflatossina B_1 nella granella di mais: sperimentazione di un processo meccanico a basso costo.* Il Progresso Veterinario, 1, 26.

Peterlini M. (2007). *Micotossine nelle materie prime e nei mangimi: controlli all'origine e consigli agli allevatori.* Terra Trentina. Assessorato Provinciale all'Agricoltura, 1, 16-19.

Peterson S.W., Ito Y., Horn B.W., Goto T. (2001). *Aspergillus bombycis, a new aflatoxigenic species and genetic variation in its sibling species, A. nomius.* Mycologia, 93, 689-703.

Petruzzelli A., Sola D., Ambrosini B., Dorinzi A., Paniccià M., Bartozzi B., Moscatelli F., Rocchegiani E., Pezzotti G., Blasi G., Cenci T., Tonucci F. (2009). *Prevalenza di aflatossine e fumonisine in mais coltivato nella regione Marche.* Webzine Sanità Pubblica Veterinaria, 56, 33-40.

Pfohl-Leszkowicz A. (2000). *Ecologie des moisissures et des mycotoxines situation en France.* Cahiers de Nutrition et de Diététique, 35, 379-388.

Pietri A. (1998). *Micotossine, la situazione odierna in Italia.* Rivista di Avicoltura, 1, 2, 32-38.

Pietri A., Bernabucci U., Reyneri A., Visconti A. (2004). *Come fronteggiare il problema aflatossine nel latte. Indicazioni agli allevatori per interventi nell'immediato.* Comitato Scientifico AIA. (*www.aia.it/lsl/download/relazioneaia .pdf*)

Pietri A., Bertuzzi T. (2012). *Correlazione tra micotossine e patologie negli animali.* Rapporti ISTISAN 13/18, 5-6.

Pitt J.I. (1993). *Corrections to species names in physiological studies on Aspergillus flavus and Aspergillus parasiticus.* Journal of Food Protection, 56, 265-269.

Pitt J.I., Hocking A.D. (2009). *Fungi and Food Spoilage.* Ed. Springer, 3-9.

Pittet A. (1998). *Natural occurrence of mycotoxins in foods and feeds an updated review.* Revue de Medicine Veterinarie, Toulouse, 149, 6, 479-492.

Piva G., Pietri A., Masoero F., Moschini M. (1998). *Micotossine e allevamento bovino.* Atti della Società Italiana di Buiatria, 30, 10-42.

Piva G., Battilani P., Pietri A. (2004). *Micotossine, un tema globale.* Rapporti ISTISAN 05/42, 3-14.

Piva G., Battilani P., Pietri A. (2005). *Micotossine, dal campo alla tavola.* L'Informatore Agrario, 1, 7-11.

Polan C.E., Hayes J.R., Campbell T.C. (1974). *Consumption and fate of aflatoxin B1 by lactacting cows.* Journal of Agricultural and Food Chemistry, Easton, 22, 4, 635-638.

Prelusky D.B., Scott P.M., Trenholm H.L., Lawrence G.A. (1990). *Minimal transmission of zearalenone to milk of dairy cows.* Journal of Environmental Science and Health, 1, 87-103.

Prusiner S.B. (1997). *Prion Diseases and the BSE Crisis.* Science, 278, 5336, 245-251.

Rendina M. (2008). *Valutazione del rischio inquinamento da aflatossine negli alimenti ad uso zootecnico.* Tesi di Dottorato in: Produzione e Sanità degli Alimenti di Origine Animale. Indirizzo: Scienze dell'allevamento animale. XXI ciclo. Università degli Studi di Napoli "Federico II", Facoltà di Medicina Veterinaria, A.A. 2006-2008.

Reyneri A., Blandino M., Vanara F., Ferrero C., Minelli L., Cavallero A., Matta A., Alma A., Lessio F., Turletti A., Spanna F., Bersani L. (2004). *Impiego di tecniche agronomiche per contenere la contaminazione da micotossine nella granella di mais.* L'Informatore Agrario, 60, 45-50.

Reyneri A., Blandino M., Vanara F. (2012). *Valutazione dei rischi agronomici derivati dalla contaminazione da micotossine nel comparto cerealicolo.* Rapporti ISTISAN 13/18, 140-143.

Sanchis V., Magan N. (2004). *Environmental conditions affecting mycotoxins.* Mycotoxins in Food. Magan N./Olsen M., Editors, 174-186.

Sargeant K., Carraghan R.B., Allcroft R. (1963). *Toxic products in groundnuts.* Chemistry and Origin. Chemistry and Industry, 53-55.

Sassi M. (2006). *An Introduction to food security issues and short-term responses.* Aracne, Roma.

Sassi M. (2007). *Sicurezza alimentare e sovranità alimentare: aspetti tecnici e impegno politico per la lotta contro la fame.* Paper in XLIV Convegno SIDEA – Produzioni agroalimentari tra rintracciabilità e sicurezza: analisi economiche e politiche d'intervento, Taormina, 8-10 novembre, Franco Angeli Ed., 371-382.

Savoini G., Bernuzzi R. (2002). *Dispensa di tecnica mangimistica.* Dipartimento di Scienze e Tecnologie Veterinarie per la Sicurezza Alimentare, 58-65.

Scott P.M. (1998). *Industrial and farm detoxification processes for mycotoxins.* Revue de Médecine Vétérinaire, 149, 543-548.

Simas M.S.M., Albuquerque R., Oliveira C.A., Rottinghaus G.E., Correa B. (2010). *Influence of gamma radiation on productivity parameters of chicken fed mycotoxin-contaminated corn.* Applied Radiation and Isotopes, 68, 1903–1908.

Smela M.E., Currier S.S., Bailey E.A., Essigmann J.M. (2001). *The chemistry and biology of aflatoxin B1 from mutational spectrometry to carcinogenesis.* Carcinogenesis, 22, 535-545.

Steyn P.S. (1998). *The biosynthesis of mycotoxins.* Revue de Médecine Vétérinaire, 149, 469-478.

Stubblefield R.D., Pier A.C., Richard J.L., Shotwell O.L. (1983). *Fate of aflatoxins in tissues, fluids, and excrements from cows dosed orally with aflatoxin B1.* American Journal of Veterinary Research, 44, 1750-1752.

Sweeney M.J., Dobson A.D.W. (1998). *Mycotoxin production by Aspergillus, Fusarium and Penicillium species.* International Journal of Food Microbiology, 43, 141-158.

Tabata S. (2002). *Mycotoxins. Aflatoxins and related compounds.* Encyclopedia of Dairy Sciences, 2087-2095.

Tavčar-Kalcher G., Vrtač K., Pestevšek U., Venguŝt A. (2007). *Validation of the procedure for the determination of aflatoxin B1 in animal liver using immunoaffinity columns and liquid chromatography with postcolumn derivatisation and fluorescence detection.* Food Control, 18, 333–337.

Tealdo E. (2006). *Campionamento e analisi delle micotossine.* Mais e sicurezza alimentare , Veneto Agricoltura, 5 , 60-70.

Tenaglia H., Venturini E., Raffaelli R. (2002). *Linee guida per la validazione dei metodi analitici e per il calcolo dell'incertezza di misura – Accreditamento e Certificazione.* I manuali Arpa. Agenzia Regionale Prevenzione e Ambiente Emilia Romagna, 11-20.

The Rapid Alert System for Food and Feed (RASFF) (2012). *Annual Report 2012.* (ec.europa.eu/food/food/rapidalert/rasff_portal_database_en.htm).

Thione L. (2005). *Qualità, accreditamento e valutazione della conformità nel moderno sistema socio-economico stato dell'arte, problemi e prospettive.* Monografia SINCERT, Milano.

Tortora G.J., Funke B.R., Case C.L. (2008). *Elementi di microbiologia.* Ed. Pearson, Paravia Bruno Mondadori, 321-350.

Turner N.W., Subrahmanyam S., Piletsky S.A. (2009). *Analytical methods for determination of mycotoxins: A review.* Analytica Chimica Acta, 632, 168–180.

Van Egmond H.P. (1989). *Mycotoxins in Dairy Products.* Elsevier Applied Science, London, UK, 11-55.

Veldman A., Meijst J.A.C., Borggreve G.J., Heeres-van der. Tol J.J. (1992). *Carry-over of aflatoxin from cow's food to milk.* Animal Production, 55, 163-168.

Visconti A. (2012). *Sviluppi diagnostici nell'analisi delle micotossine.* ISPA, Istituto di Scienze delle Produzioni Alimentari, CNR, Consiglio Nazionale delle Ricerche, Bari.

Whitaker T.B. (2004). *Sampling for mycotoxins.* Mycotoxins in food: detection and control. Magan N./Olsen M., Editors, 69-85.

WHO (World Health Organization) (2001). *Safety evaluation of certain mycotoxins in food.* WHO Food Additives, International Program on Chemical Safety, World Health Organization, Ginevra.

WHO (World Health Organization) (2002). *Evaluation of certain mycotoxins in food.* Technical report Series 906. Fiftysixth report of the joint FAO/WHO Export committee on Food Additives, Geneva.

Windfuhr M., Jonsen J. (2005). *Food Sovereignty: Towards Democracy in Localised Food Systems.* FIAN, ITDG Publishing.

Wyatt R.D. (1991). *Poultry.* Mycotoxins and animal foods. Smith J.E./Henderson R.S., Editors, 553-606.

Y. Yang C. (1972). *Comparative Studies on the Detoxification of Aflatoxins by Sodium Hypochlorite and Commercial Bleaches.* Applied Microbiology, 24, 6, 885-890.

Yiannikouris A., Jouany, J.P. (2002). *Mycotoxins in feeds and their fate in animals.* Animal Research, 51, 81-99.

Zaghini A., Lambertini L. (1995). *Piante e funghi di interesse veterinario. Caratteristiche Botaniche ed Aspetti Farmacologici e Tossicologici.* CLUEB, Bologna, Italia.

Zinedine A., Gonzalez-Osnaya L., Soriano J.M., Molto J.C., Idrissi L., Manes J. (2007). *Presence of aflatoxin M1 in Pasteurised Milk from Marocco.* Food Control, 114, 25-29.

7.   SITOGRAFIA

- *http://agri.istat.it/jsp/dawinci.jsp?q=plC020000010000012000&an=2011&ig=1& cc=244&id=15A|18A|25A*

- *http://agri.istat.it/jsp/dawinci.jsp?q=plC020000010000012000&an=2012&ig=1& ct=244&id=15A|18A|25A*

- *http://agri.istat.it/jsp/dawinci.jsp?q=plC020000010000012000&an=2013&ig=1& cc=244&id=15A|18A|25A*

- *http://agronotizie.imagelinenetwork.com/difesa-e-diserbo/2013/03/21/ aflatossine-perdite-per-oltre-100-milioni-e-non-e-finita/32608)*

- *http://ec.europa.eu/food/food/rapidalert/rasff_portal_database_en.htm*

- *http://www.accredia.it/context.jsp?ID_LINK=25&area=6*

- *http://www.accredia.it/context.jsp?ID_LINK=76&area=6*

- *http://www.accredia.it/UploadDocs/3525_Grafici_relazione_bilancio_2012_per_si to.pdf*

- *http://www.aia.it/lsl/download/relazioneaia.pdf*

- *http://www.arpa.piemonte.it/pubblicazioni-2/pubblicazioni-anno-2010/il-rischio -micotossine-in-piemonte*

- *http://www.codexalimentarius.org*

- *http://www.efsa.europa.eu/it/efsajournal/pub/1168.htm*

- *http://www.efsa.europa.eu/it/efsajournal/pub/446.htm*

- *http://www.efsa.europa.eu/it/press/news/contam090710.htm*

- *http://www.efsa.europa.eu/it/topics/topic/aflatoxins.htm*

- *http://www.efsa.europa.eu/it/topics/topic/animalwelfare.htm*

- *http://www.fda.gov/ICECI/ComplianceManuals/CompliancePolicyGuidanceManu al/ucm074703.htm*

- *http://www.iss.it/binary/efsa/cont/Aflatossine_Brera.pdf*

- *http://www.iupac.org*

- *http://www.izs.it/IZS/Engine/RAServeFile.php/f/pdf_pubblicazioni/SARA_linee_g uida_benessere_animale.pdf*

- *http://www.quotidianosanita.it/governo-e-parlamento/articolo.php?approfondi mento_id=4568*

- *http://www.salute.gov.it*

- *http://www.salute.gov.it/imgs/C_17_newsAree_2402_listaFile_itemName_3_file.p df*

- *http://www.salute.gov.it/imgs/C_17_pagineAree_1148_listaFile_itemName_6_file. pdf*

- *www.salute.gov.it/imgs/C_17_pubblicazioni_906_allegato.pdf*

- *http://www.salute.gov.it/portale/temi/p2_5.jsp?lingua=italiano&area=usmaf&m enu=uffici*

- *http://www.supermeteo.com/anno-meteorologico-2012.php*

www.ingramcontent.com/pod-product-compliance
Lightning Source LLC
Chambersburg PA
CBHW051542170526
45165CB00002B/840